互联网＋职业技能系列微课版创新教材

新华互联网科技
XINHUA INTERNET TECHNOLOGY

Adobe
After Effects CC 2020
影视合成与特效

束开俊　徐　虹　洪邵华　编著

北京希望电子出版社
Beijing Hope Electronic Press
www.bhp.com.cn

内 容 简 介

随着"互联网＋"时代的到来，职业教育和互联网技术日益融合发展。为提升职业院校培养高素质技能人才的教学能力，现推出"互联网＋职业技能系列微课版创新教材"。

本书采用知识点配套项目微课方式进行讲解，将理论知识与操作技巧有效地结合起来。全书共分为11章，主要内容包括初识 After Effects、简单动画、文字动画、多媒体动画、图层动画、蒙版、抠像、颜色校正、3D 功能、高级编辑和渲染输出等。本书结构清晰，知识点集中，可以帮助读者加深对核心知识点的理解和掌握。

本书可作为大中专院校及各类社会培训机构的教材，也可作为自学者提升 After Effects 影视后期制作能力的参考用书。

为帮助读者更好地学习，本书提供配套微课视频、案例素材、案例效果文件，读者可通过扫描书中和封底的二维码获取相关文件。

本书入选人力资源和社会保障部国家级技工教育和职业培训教材目录。

图书在版编目（ＣＩＰ）数据

Adobe After Effects CC 2020影视合成与特效 / 束开俊，徐虹，洪邵华编著 . --北京：北京希望电子出版社, 2021.10

ISBN 978-7-83002-832-9

Ⅰ.①A⋯ Ⅱ.①束⋯ ②徐⋯ ③洪⋯ Ⅲ.①图像处理软件—教材 Ⅳ.①TP391.413

中国版本图书馆 CIP 数据核字（2021）第 191820 号

出版：北京希望电子出版社	封面：汉字风
地址：北京市海淀区中关村大街 22 号	编辑：李小楠
中科大厦 A 座 10 层	校对：周卓琳
邮编：100190	开本：787mm×1092mm 1/16
网址：www.bhp.com.cn	印张：15
电话：010-82626227	字数：340 千字
传真：010-62543892	印刷：北京昌联印刷有限公司
经销：各地新华书店	版次：2023 年 2 月 1 版 6 次印刷

定价：39.50 元

编　委　会

PREFACE 前言

 After Effects是由Adobe公司开发的一款集视频特效与合成设计于一体的后期软件，也是专门制作2D/3D动画及特殊视觉效果的工具，被广泛应用于电影、视频、网页动态设计等领域，为动态影像设计师、视觉效果艺术家、网页设计师、影视专业人员等提供了一套完整的2D/3D作品创作工具，用以实现影像合成、动画及各种复杂、绚丽的音画效果。

 本书为"互联网＋职业技能系列微课版创新教材"系列丛书中的一本，在编写过程中进行了精心安排，可以使读者灵活地学习After Effects的相关知识。初次接触After Effects的读者可以在本书中学到各种基础知识和概念，为掌握After Effects打下坚实的基础；已经使用过After Effects的读者可以通过本书学到软件的一些高级功能，以及实用的操作技巧。

 本书内容详实，以After Effects CC 2020的基本操作为主要写作目标，围绕案例进行理论讲解。全书共分为11章，主要包括初识After Effects、简单动画、文字动画、多媒体动画、图层动画、蒙版、抠像、颜色校正、3D功能、高级编辑和渲染输出等知识点，适合影视制作相关专业或者有志于影视后期制作的读者进行学习。书中每一个案例都提供了详细的操作步骤，可用于创建不同项目中的一个或多个特定元素。这些案例将理论知识与实操技巧紧密结合，彼此呼应，相辅相成。

 After Effects的许多功能都有多种操控方法，如菜单命令、工具按钮、鼠标拖动和快捷键等。在某个案例的制作过程中，可能不止使用一种操控方法，这样可以拓展思维，灵活掌握软件的使用。

 由于水平有限，书中难免有疏漏之处，恳请广大读者批评指正。

编　者
2021年10月

CONTENTS 目录

第1章 初识After Effects

第2章 简单动画

第3章 文字动画

第4章 多媒体动画

第 5 章　图 层 动 画

第 6 章　蒙　版

第 7 章　抠　像

第 8 章　颜 色 校 正

第 9 章　3D　功　能

第 10 章 高级编辑

第 11 章 渲 染 输 出

第1章 初识After Effects

1.1 视频基础

1. 帧和帧频

帧和帧频是视频编辑中最基本、最重要的概念。构成动画的最小单位为帧，一帧就是一幅静态画面。动画中的帧如图1-1所示。帧频是图像设备产生一帧图像的频率。

图1-1

影视作品中的动画效果实际上是一种将一系列差别很小的画面以一定速率连续播放而产生运动视觉的技术。根据人类视觉暂留效应，人眼在物体快速运动时对于时间上每一个点的物体状态都会有短暂保留现象。

视觉暂留的时间如此之短是为了得到平滑、连贯的运动画面，画面的更新必须达到一定的标准，即每秒所播放的画面（帧）要达到一定的数量，这就是帧速率。我国电视中的画面要求每秒播放25帧，电影中的画面要求每秒播放24帧，计算机中的二维动画一般要求每秒播放12帧等。

所谓关键帧，是指对象属性在不同的时间点发生变化的关键动作所处的那一帧，而时间点之间的变化则由计算机来完成。简而言之，在使用计算机制作动画时，由用户自己制作的帧即为"关键帧"；而位于两个关键帧之间的过渡帧是由计算机完成的，即由计算机制作的帧被称为"中间帧"。

2. 电视制式

电视信号的标准也称"电视制式"。电视制式有很多不同，区别主要在于帧频或场频的不同、分辨率的不同、信号带宽的不同、载频的不同、色彩空间的转换关系不同等。目前世界上现行的电视制式分为NTSC、PAL和SECAM。

NTSC制式采用正交平衡调幅技术，帧频为30 Hz，即每秒播放30帧，严格说是29.97帧。

PAL制式采用逐行倒相正交平衡调幅的技术方法，克服了NTSC制式相位敏感导致色彩失真的缺点。PAL－D制式是我国采用的制式，帧频为25 Hz，即每秒播放25帧。

SECAM制式解决了NTSC制式相位失真的问题，采用时间分隔法来传送两个色差信号，帧频为25 Hz，即每秒播放25帧。

3. 扫描格式

视频标准中最基本的参数是扫描格式，包括图像在时间和空间上的抽样参数，即每行像素数、每秒帧数，以及隔行或逐行扫描。扫描的格式主要有两大类，即525/59.94和625/50，前者是每帧的行数，后者是每秒的场数。

在将光信号转换为电信号的过程中，扫描总是从图像的左上角开始，水平向前行进，同时扫描点也以较慢的速率向下移动。当扫描点到达图像右侧的边缘时快速返回左侧，重新开始在第1行的起点下面进行第2行扫描，行与行之间的返回过程被称为"水平消隐"。一幅完整的图像扫描信号，由水平消隐间隔分开的行信号序列构成，也就是前面讲到的"1帧"。扫描点扫描完1帧后，要从图像的右下角返回图像的左上角开始新的1帧的扫描，这一时间间隔被称为"垂直消隐"。对于PAL制式，每秒播放25帧，采用每帧625行扫描，则每秒扫描的行数应该是15 625行，即行频为15 625 Hz；对于NTSC制式，每秒播放29.97帧，使用每帧525行扫描，则每秒扫描的行数应该是15 734.25行，即行频为15 625 Hz。

交错视频的帧由两个场构成，其中一个扫描帧的全部奇数场被称为"奇场"或"上场"，另一个扫描帧的全部偶数场被称为"偶场"或"下场"。使用公式表示：1帧=1奇场+1偶场，即1帧等于两场，因此，PAL制式的信号帧频为25 Hz，场频为50 Hz；NTSC制式的信号帧频为29.97 Hz，场频为59.94 Hz。

场以水平分隔线的方式隔行保存帧的内容，首先显示第1个场的交错间隔内容，然后再显示第2个场，以填充第1个场留下的缝隙，如图1-2所示。

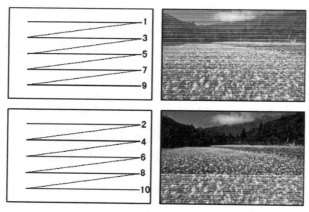

图1-2

计算机操作系统以非交错形式显示视频，它的每一帧画面由一个垂直扫描场完成，即通常所说的"逐行扫描"。胶片类似于非交错视频，它每次显示的是整个帧数。

4. 帧长宽比和像素长宽比

帧长宽比是指1帧图像的长度和宽度之比。电影、SDTV（标清电视）、HDTV（高清电视）和EDTV（扩展清晰电视）具有不同的帧长宽比。SDTV的帧长宽比为4∶3；HDTV和EDTV的帧长宽比为16∶9；电影的帧长宽比值从早期的1.333到宽银幕的2.77。

像素长宽比是指像素的长度和宽度之比。计算机使用正方形像素显示画面，其像素长宽比值为1.0，而电视基本使用矩形像素显示画面。

图1-3所示为像素长宽比经过校正后的效果，图1-4所示为像素长宽比未经过校正的效果。

图1-3 图1-4

帧长宽比由像素长宽比和水平/垂直分辨率共同决定，帧长宽比等于像素长宽比与水平/垂直分辨率比之积。

5. SMPTE 时间码

SMPTE是目前在影音行业中得到广泛应用的一个时间码概念，它用"小时：分钟：秒：帧"的形式确定每一帧的地址。

不同的SMPTE时间码标准用于不同的帧频。PAL制式为25 fps的标准；NTSC制式基于广电技术而采用29.97 fps的标准，但NTSC制式的时间码仍然采用30 fps的帧频，这使实际播放和测量的时间长度有0.1%的差异。为了定位，根据SMPTE时间码测量播放时间与实际播放时间之间的差异而开发出一种掉帧格式，每分钟要掉两帧，使时间码和实际播放时间保持一致。

与其对应的不掉帧格式可以忽略时间码与实际播放帧数之间的差异。在中国，影视作品以25 fps的标准进行播放；在美国，影视作品以30 fps的标准进行播放。

6. 常用视频格式

（1）AVI格式

AVI格式是音/视频交错格式，可将音/视频交织在一起进行同步播放；具有图像质量好、跨平台使用等优点；但体积过于庞大，压缩标准不统一，因此，高版本播放器播放不了早期编码的AVI视频，低版本播放器播放不了最新编码的AVI视频。

（2）MPEG格式

MPEG格式是运动图像压缩算法的国际标准，它采用有损压缩方法，减少了运动图像中的冗余信息。目前MPEG格式有3个压缩标准，分别是MPEG-1、MPEG-2和MPEG-4，常用的编码是MPEG-2和MPEG4。

- MPEG-1：制定于1992年，它是针对1.5 Mb/s以下数据传输速度的数字存储媒体运动图像及其伴音编码而设计的国际标准，也就是通常所说的VCD制作格式。这种视频格式的文件扩展名包括.mpg、.mlv、.mpe、.mpeg及VCD光盘中的.dat文件等。
- MPEG-2：设计目标为高级工业标准的图像质量及更高的传输速度，在一些HDTV

和高要求视频编辑、处理方面有相当广泛的应用。

● MPEG-4：是为播放流式媒体的高质量视频而专门设计的，可利用较窄的带宽通过帧重建技术压缩和传输数据，以求使用最少的数据获得最佳的图像质量。

（3）MOV格式

MOV格式具有较高的压缩比率、较完美的视频清晰度及跨平台性等特点，受到用户广泛的青睐。

（4）RM和RMVB格式

普通的RM格式采用的是固定码率编码。所谓RMVB格式，是在流媒体的RM格式上延伸而来的。在播放以往常见的RM格式电影时，可以在播放器的左下角看到"225 kb/s"的字样，即比特率。RMVB格式打破了以往RM格式平均压缩采样的方式，在保证平均压缩比的基础上设定了一般为平均采样率两倍的最大采样率值，将较高的比特率用于复杂的动态画面，而在静态画面中则灵活地转换为较低的采样率，合理地利用了比特率资源。

（5）FLV和F4V格式

FLV格式是一种视频流媒体格式，形成的文件较小，加载速度较快，使网络观看视频文件成为可能。

F4V格式和FLV格式的主要区别在于，FLV格式采用的是H.263编码，而F4V格式则支持H.264编码的高清晰视频，码率最高可达50 Mb/s，该格式更小、更清晰，有利于网络传播。目前F4V格式已逐渐取代FLV格式，被大多数主流播放器兼容播放。相同文件大小的情况下，F4V格式的清晰度明显高于MPEG-2格式和H.263编码的FLV格式。由于采用H.264高清编码，F4V格式可以实现更高的分辨率，并支持更高的比特率。

提示　　H.264是视频编码专家组提出的压缩视频编码标准。与MPEG-2格式相比，在同样图像质量的条件下，H.264的数据传输速率只有其1/2左右，压缩比大大提高。

　　H.265标准在H.264的基础上对一些技术进行了改进，引入可变量的尺寸转换、更大尺寸的帧内预测块，以及更多的帧内预测模式以减少空间冗余，更多空间域与时间域结合，更精准的运动补偿滤波器等，计算处理多核并行、速度快，适应高清实时编码，其峰值计算量达500 GOPS（H.264仅100 GOPS），在性能与功能上远超出H.264。

7. 常用音频格式

常用来评价音频文件质量的标准为采样频率、量化位数和声道数。采样频率即在采样过程中每秒抽取声波幅度样本的次数。目前常用的采样频率有3个，即11.025 kHz、22.05 kHz、44.1 kHz，采样频率越高，音质越好。量化位数即每个采样点能够表示的数据范围，量化位数越高，音质越好。声道数即所使用的声音通道的个数，表示声音记录时产生的波形个数，多声道的声音质量比单声道的好。

（1）WAV格式

WAV格式可以记录各种单声道或立体声的声音信息，并能保证声音不失真，但所占硬盘空间较大。与CD格式一样，WAV格式也是44.1 kHz的采样频率，16位量化位数，因此，音质与CD格式相差无几。WAV格式是计算机中广为流行的声音文件格式，几乎所有的音频编辑软件都可以识别WAV格式。

（2）MP3格式

MP3格式采用的是有损压缩，音频编码具有10：1~12：1的高压缩率，同时基本保证低音频部分不失真。但是，MP3格式牺牲了声音文件中12 kHz到16 kHz这部分音频的质量以换取文件的尺寸，相同长度的音乐文件用MP3格式存储，一般只有WAV格式的1/10大小，音质要次于WAV格式或CD格式。由于MP3格式的文件尺寸小，音质影响不大，一直广受欢迎。

（3）WMA格式

相对于MP3格式，WMA格式的最大特点是有极强的可保护性，它是针对MP3格式没有版权保护的缺点而推出的，支持音频流技术，适合在网络上播放。WMA格式主要以减少数据流量但保证音质的方法来达到比MP3格式的压缩率更高的目的，其压缩率一般可以达到1：18左右。

（4）MIDI格式

MIDI格式并非录制好的声音，而是将录制的声音信息传输给声卡发出音乐的一组指令。这种格式多见于原始乐器作品、流行歌曲的业余表演、游戏音轨及电子贺卡等。MIDI格式文件的重放效果完全依赖于声卡的档次。MIDI格式较多用于计算机作曲领域，可以用作曲软件编写。

1.2 工作界面

After Effects CC 2020的工作界面如图1-5所示，主要包括"项目"面板、"合成"面板和"时间轴"面板，核心菜单是"效果"菜单。

图1-5

1."项目"面板

在进行编辑操作之前先将需要的素材导入到"项目"面板中，利用该面板存放素材。

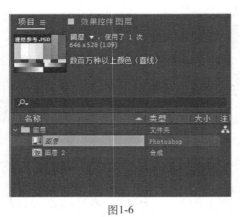

图1-6

在"项目"面板下方的空白位置双击，可以快速导入素材。将素材导入"项目"面板后，会在其中显示文件的详细信息，如"名称""类型""大小""帧速率""入点""出点""文件路径"等。选择"项目"面板中的文件，面板上方会显示该文件的缩览图和信息说明，如图1-6所示。

导入素材并不是将源素材复制一份到"项目"面板中，而是在源素材与项目文件之间建立一个动态链接，这样可以节省硬盘空间。如果在硬盘中将源素材删除或损毁，则在"项目"面板中会以一个彩色条纹的图标代替该素材文件的图标，文件名以斜体表示，并且在"文件路径"列标志"Missing"字样。这时可以在"项目"面板中右击该素材，在弹出的菜单中选择"替换素材"→"文件"命令，重新定位该素材或更换素材。

2."合成"面板

在 After Effects的"合成"面板中，可以直接观察对素材进行编辑后的合成效果。默认情况下，After Effects只显示一个合成视图，如图1-7所示。当创建摄像机图层后，在"合成"面板下方的"选择视图布局"下拉列表中可以打开摄像机的四视图，如图1-8所示。如果"项目"面板中的源素材丢失或损毁，在"合成"面板中就会以一个彩色条纹的图像代替该素材的显示。

图1-7

3."时间轴"面板

可以在"时间轴"面板中组织和编辑影像文件，它是影视特效合成的主要面板。将图层导入"时间轴"面板后，可以编排图层的上下关系及前后关系，定义图层的属性动画及添加各种效果，以达到对图层的整体编辑。此时，图层本身也自带一些功能开关。例如，图层的第1个按钮可用于隐藏或显示图层，第2个按钮可用于设置静音，第3个按钮可用于使图层独立显示，第4个按钮可用于锁定图层，等等，如图1-9所示。

图1-8

图1-9

"时间轴"面板的许多控件是按功能分区的。默认情况下，"时间轴"面板包含的功能分层和控件如图1-10所示。

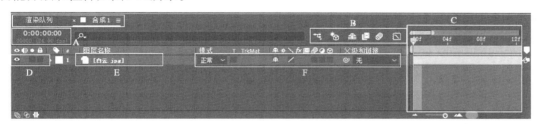

A—当前时间；B—开/关模式列；C—图层持续时间/曲线编辑区域；D—音/视频开关列；

E—源文件名/图层名列；F—"时间轴"开关列。

图1-10

"时间轴"面板中的时间曲线部分包含一个时间标尺，用于标识合成中图层的具体时间和持续时间，如图1-11所示。

可以使用"时间轴"面板动态地改变图层的属性并设置图层的入点和出点（入点和出点是图层或素材进入和离开合成的时间点）。

在时间标尺上可以直观地显示出合成、图层或素材的长度。时间标尺上的当前时间指示器表示当前所查看或编辑的帧，同时在"合成"面板中显示当前帧。

时间轴工作区开始和结束标记表示将被渲染或预览的合成部分。在处理合成时，可能只想渲染或预览一部分合成，可以通过将这部分合成指定为时间轴工作区来实现。

"时间轴"面板的左上角显示合成当前点的时间。可以用以下方法将时间点移动到任意位置：拖动时间标尺上的当前时间指示器，或者单击"时间轴"面板或"合成"面板中的当前时间字段，输入新时间，再单击"确定"按钮。

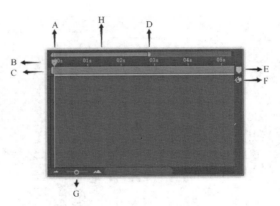

A—时间导航器的开始标记；B—时间标尺；C—时间轴工作区开始/结束标记；D—时间导航器的
结束标记；E—复合时间标记；F—合成按钮；G—按钮缩放滑块；H—导航视图。

图1-11

4."效果和预设"面板

"效果和预设"面板与"效果"菜单相同，主要用于存放After Effects中的所有特效命令和第三方特效插件，所有效果均位于安装目录下的"Plug-ins"文件夹中。在应用效果时，可以选择要应用效果的图层，然后在"效果和预设"面板（如图1-12所示）或"效果"菜单中选择相应的效果。

5."工具"面板

After Effects CC 2020将Photoshop中的绘图工具融入其中，如图1-13所示。将鼠标指针定位于任何工具按钮上，会提示工具名称及其对应的快捷键。"工具"面板中的工具

图1-12   图1-13

从左向右依次为"主页工具""选取工具""手形工具""缩放工具""旋转工具""统一摄像机工具""向后平移（锚点）工具""矩形工具""钢笔工具""横排文字工具""画笔工具""仿制图章工具""橡皮擦工具""Roto笔刷工具""操控点工具"。

如果工具按钮的右下角有三角形图标，表示该工具有隐含工具列表，只要按住鼠标左键不放就可以将其显示出来。以"钢笔工具"按钮 为例，展开的隐含工具列表如图1-14所示。

在"工具"面板中还有3个图标，分别表示"本地轴模式" 、"世界轴模式" 和"视图轴模式" ，默认情况下使用的是"本地轴模式"。当在After Effects中操作三维图层时，可以在这3个坐标系统中进行选择。

在"工具"面板中还可以设置After Effects的工作区。默认情况下，After Effects使用的是"标准"工作区。展开"工作区"下拉列表，可以选择其他工作区布局，如图1-15所示。

图1-14

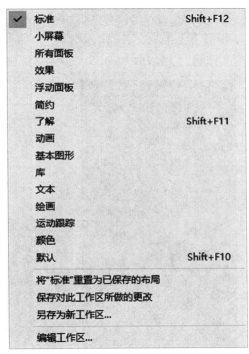

图1-15

6. "预览"面板

"预览"面板主要用于控制合成项目及素材的回放，如图1-16所示。可以通过"预览"面板中的按钮对预览进行设置，还可以设置预览快捷键。

7. "音频"面板

在"音频"面板中可以显示音频播放的音量级别，并可以分别控制左、右声道的音量，如图1-17所示。音量的单位默认是分贝（dB），"音频"面板左侧的柱状图表示音量级别，当音量级别升至红色区域时即表示音量过大。

除此之外，After Effects中还包括"信息"面板、"元数据"面板、"段落"面板、

"画笔"面板等，可以通过"窗口"菜单命令将其打开。其中，"画笔"面板和"元数据"面板如图1-18所示。

图1-16

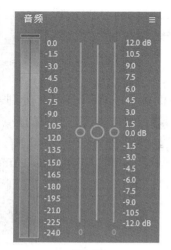

图1-17

图1-18

8. 菜单栏

After Effects CC 2020的菜单栏包括"文件""编辑""合成""图层""效果""动画""视图""窗口""帮助"9个菜单，可以通过选择菜单命令执行相应的操作或应用相应的效果，如图1-19所示。

| 文件(F) | 编辑(E) | 合成(C) | 图层(L) | 效果(T) | 动画(A) | 视图(V) | 窗口 | 帮助(H) |

图1-19

1.3 基础操作

1. 创建项目并导入素材

（1）创建项目

在After Effects中按Ctrl+N组合键打开一个空白项目，如图1-20所示，合成设置如图1-21所示。

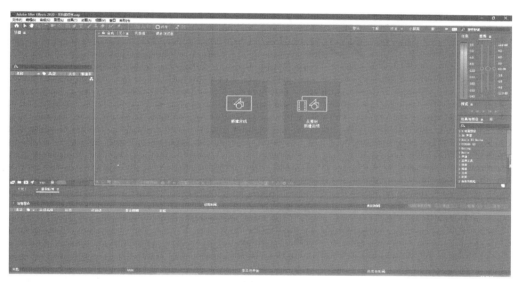

图1-20

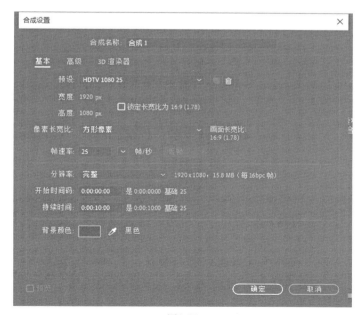

图1-21

（2）导入素材

After Effects项目是单个文件，该文件存储项目中所有素材的引用，同时还包含组合素材的合成、应用的特效，以及最终产生的输出。要开始一个项目，首先将素材导入项目。

步骤1　选择"文件"→"导入"→"文件"菜单命令，或者按Ctrl+I组合键。

步骤2　在"导入文件"对话框中导航到"第1章"文件夹，如图1-22所示，按住Shift键单击该文件夹中的所有文件，然后单击"导入"按钮。

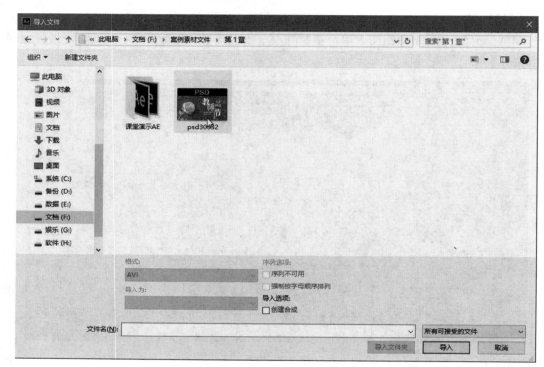

图1-22

提示

素材是构成After Effects项目文件的基本单位。可以导入许多类型的素材，包括动态图像文件、静态图像文件、静态图像序列、音频文件、Photoshop和Illustrator产生的图层文件，以及其他After Effects项目，或在Premiere Pro中创建的项目。创建项目后，可以随时导入素材。

本例导入的素材包含一个PSD图层文件，After Effects会弹出对话框询问采用何种方式导入。

步骤3　在弹出的询问对话框中展开"导入种类"下拉列表，选择"合成"选项，将Photoshop图层文件导入为合成，如图1-23所示，单击"确定"按钮，此时"项目"面板中素材的显示效果如图1-24所示。

步骤4　在"项目"面板中取消选择所有素材，再单击选择其中的任意一个素材，可以看到"项目"面板中显示出素材缩览图，以及素材的类型、大小等信息，如图1-25所示。

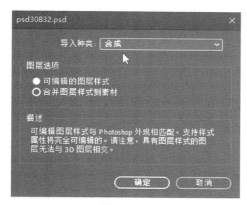

图1-23

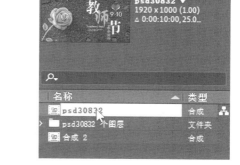

图1-24

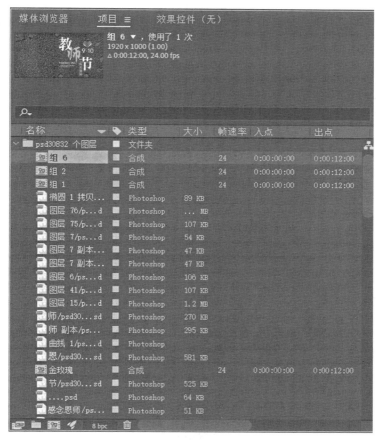

图1-25

提示

在After Effects中导入素材后，如果使用其他应用程序修改项目中使用的素材，下次再通过After Effects打开该项目时会显示修改后的素材与特效。

为了节省时间，降低项目的大小和复杂度，可以仅导入一次素材，然后在一个合成中多次使用它。但有时也需要多次导入素材，例如当需要以不同的帧速率使用素材的时候。

步骤5　选择"文件"→"保存"菜单命令，或按Ctrl+S组合键，将该项目保存到指定的文件夹中，并命名为"工程文件.aep"。

2. 创建合成和组织图层

导入素材后就可以创建合成了。合成包括表示视频和音频的素材项目、动画文本和矢量图形、静止图像等组件的多个图层。每个合成都有其自己的时间轴。合成同时具有空间维度和时间维度。

简单的项目可能仅包含一个合成，而一个精心制作的项目则可能包含多个合成，用以组织大量的素材或复杂的特效序列。

（1）创建合成

下面通过选择素材并将其拖动到"时间轴"面板来创建合成。

步骤1　在"项目"面板中选择文件夹里的所有素材，将其拖动到"时间轴"面板中，如图1-26所示。

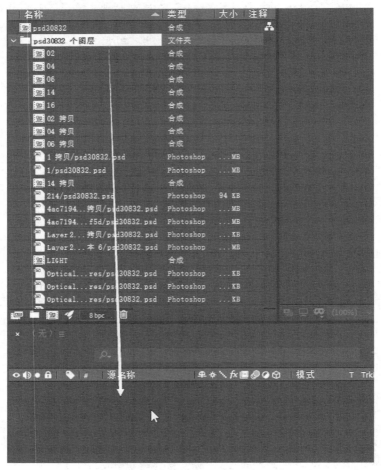

图1-26

步骤2　释放鼠标，弹出"基于所选项新建合成"对话框，参数设置如图1-27所示，单击"确定"按钮创建新合成。

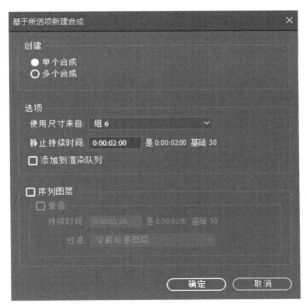

图1-27

提示　在After Effects中，新创建的合成的尺寸是由所选素材的尺寸决定的。本例中所有素材的尺寸相同，可以采用默认设置。

步骤3　素材作为图层显示在"时间轴"面板中，在"合成"面板中预览合成，如图1-28所示。

图1-28

（2）组织图层

当向合成添加素材时，这些素材会成为新图层的源素材。合成可以包含任意多个图层，也可以将合成作为图层包含在另一个合成中，这被称作"嵌套"。

不同计算机中图层堆栈的显示可能有所不同，这取决于导入这些素材时选择素材的

15

顺序。但是，在添加特效和动画时需要图层以一定的顺序堆叠。

步骤1　将主体素材（金玫瑰）图层移到图层堆栈顶部，图1-29所示为主体素材（金玫瑰）。

图1-29

提示　工作流程从这一步到结束，考虑的都应该是图层，而不是素材。

步骤2　单击"时间轴"面板中的"源名称"列标题，将其修改为"图层名称"，如图1-30所示。

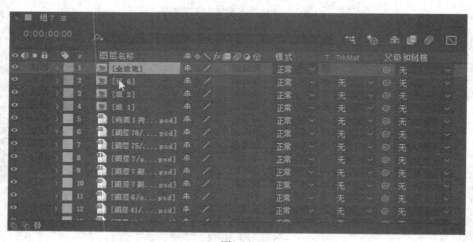

图1-30

提示　一旦创建了合成，After Effects"工具"面板中的工具将会被激活，可将其用于修改合成中的元素。

3. 添加特效和改变图层属性

下面对所选图层"金玫瑰"的副本图层应用特效,这样可以不破坏原来的图层,以备今后使用。

（1）复制图层

步骤1　在"时间轴"面板中选择第1个图层——"金玫瑰"合成图层,选择"编辑"→"复制"菜单命令或按Ctrl+D组合键,在"时间轴"面板顶部会出现一个具有相同名称的新图层,这样第1个图层和第2个图层都是"金玫瑰"。

步骤2　选择第2个图层,按Enter键将其重命名为"多图层",再按一次Enter键确认操作,如图1-31所示。

 提示　如果需要改变图层顺序,可以在"时间轴"面板中拖动图层进行重新排列。

图1-31

（2）添加特效

步骤1　在"时间轴"面板中选择"多图层"图层,选择"效果"→"颜色校正"→"颜色平衡"菜单命令,打开"效果控件"面板,参数设置如图1-32所示。

步骤2　保持选择"多图层"图层,选择"效果"→"透视"→"投影"菜单命令,"效果控件"面板中的参数设置如图1-33所示。

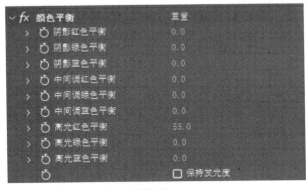

图1-32

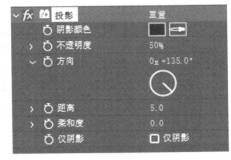

图1-33

（3）改变图层属性

在After Effects中可以使用传统的关键帧、表达式或者关键帧助理,使图层的不同属性随时间的变化而改变。下面对图层的"缩放"属性和"旋转"属性进行变换,制作一个旋转缩放的动画效果。

步骤1　在"时间轴"面板中单击"多图层"图层左侧的箭头图标 ,再单击"变换"左侧的箭头图标 ,展开该图层的"变换"属性,如图1-34所示。

图1-34

步骤2　按Alt+Shift+J组合键，打开"转到时间"对话框，将SMPTE时间码改为"0:00:00:00"（即开始处），也可以按Home键使时间回到起始处。

步骤3　切换到"时间轴"面板，在"多图层"图层的"变换"属性中分别单击"缩放"和"旋转"左侧的"时间变化秒表"图标 ，为该图层的"缩放"和"旋转"属性插入关键帧；设置"缩放"和"旋转"的数值，如图1-35所示。

图1-35

步骤4　将当前时间指示器移动到"0:00:06:00"，设置"缩放"和"旋转"的数值，在"时间轴"面板中自动生成两个关键帧，如图1-36所示。

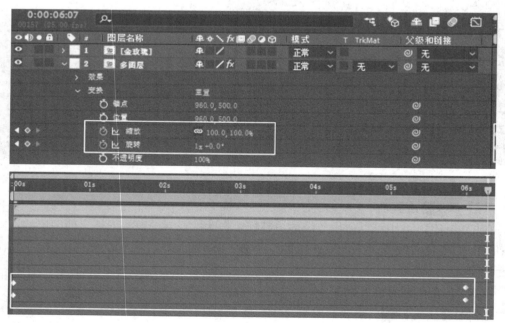

图1-36

步骤5　将当前时间指示器移动到"0:00:07:00"，展开音频"2.mp3"的属性，单击"音频电平"左侧的"时间变化秒表"图标 ⏱，插入关键帧，如图1-37所示。

图1-37

步骤6　按End键将当前时间指示器移动到"0:00:09:24"，设置"音频电平"为"-24.00dB"，如图1-38所示，添加第2个关键帧。

图1-38

4. 预览影片

After Effects CC 2020中的预览方式包括标准预览、内存预览、手动预览、线框预览。在预览之前，按Home键将当前时间指示器移动至合成项目时间标尺的开始处。

（1）标准预览

标准预览用于从"时间轴"面板的当前时间位置开始播放合成项目至结束处，其播放速度通常比实时播放的速度慢。要进行标准预览，快捷方式是按Space键。此外，在"预览"面板中单击"播放/停止"按钮，也可以进行标准预览，如图1-39所示。

图1-39

（2）内存预览

利用内存预览，不仅可以预览视频，还可以预听音频。内存预览是最接近合成项目真实播放速度的预览方式。该预览方式播放的帧数取决于应用程序可用的内存数量，因此，内存大小决定了预览时间的长短。进行内存预览的快捷方式是按数字键盘上的0键，或选择"合成"→"预览"→"播放当前预览"菜单命令。

（3）手动预览

手动预览主要是以鼠标拖动进行预览，可以通过拖动"时间轴"面板中的当前时间指示器进行快速预览，也可以通过"预览"面板中的相关按钮进行预览，或者按Ctrl键+拖动当前时间指示器快速预听音频。

在"预览"面板中，单击"上一帧"按钮◀▮或"下一帧"按钮▮▶可以实现逐帧预览。如果在单击按钮时按住Shift键，可以间隔10帧的速度进行预览。

（4）线框预览

线框预览用于以线框显示合成中的所有图层。当一个图层含有蒙版或Alpha通道时，可以使用线框预览来表示该图层。可以单击"合成"面板下方的"快速预览"按钮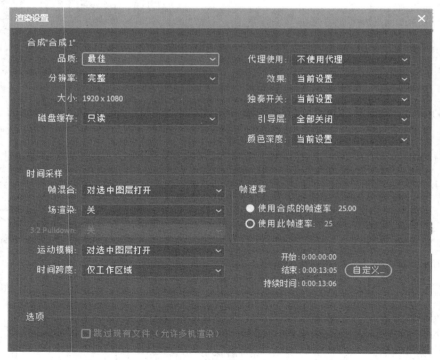选择快速预览方式。

After Effects预览方式的常用快捷键如表1-1所示。

表1-1　After Effects预览方式的常用快捷键

预览方式	常用快捷键
开始/停止预览	Space键
从当前时间仅预听音频	数字键盘上的小数点键
内存预览	数字键盘上的0键
每隔10帧的内存预览	Shift键+数字键盘上的0键
快速预览视频	Alt键+拖动当前时间指示器
快速预听音频	Ctrl键+拖动当前时间指示器

5. 渲染和输出

项目制作完成，可以选择适合的影像质量进行渲染输出，并可以根据用途指定文件的输出格式。After Effects的渲染输出可以通过选择"合成"→"添加到渲染队列"菜单命令，或按Ctrl+M组合键激活"渲染队列"面板来完成。

步骤1　在"渲染队列"面板中单击"渲染设置"右侧的"最佳设置"项，可以打开"渲染设置"对话框，如图1-40所示。

图1-40

步骤2　在"渲染队列"面板中单击"输出模块"右侧的"无损"项，可以打开"输出模块设置"对话框，如图1-41所示。

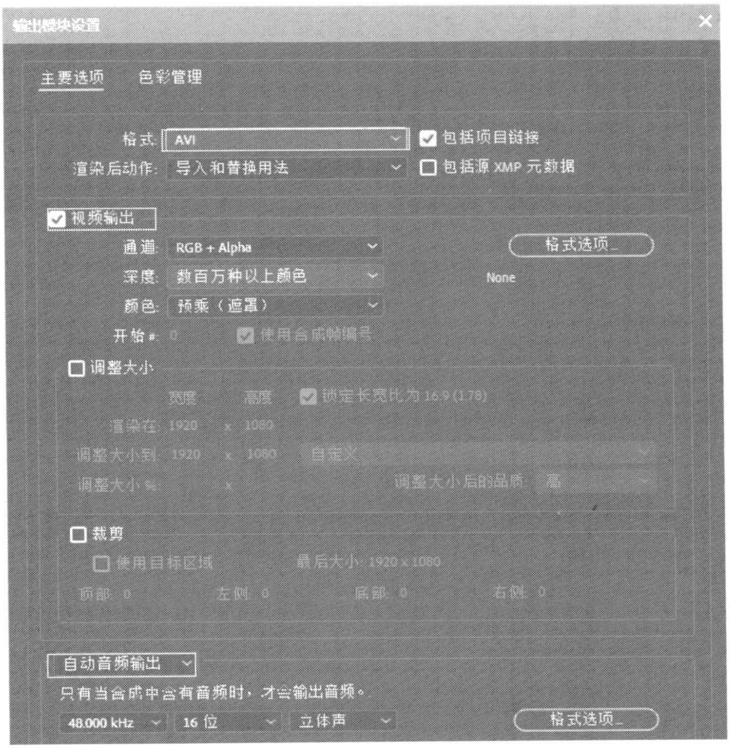

图1-41

步骤3　在"输出模块设置"对话框中展开"格式"下拉列表，选择"QuickTime"选项，单击"格式选项"按钮，打开"QuickTime选项"对话框，展开"视频编解码器"区域，选择"H.264"选项（需要安装QuickTime播放器），如图1-42所示。

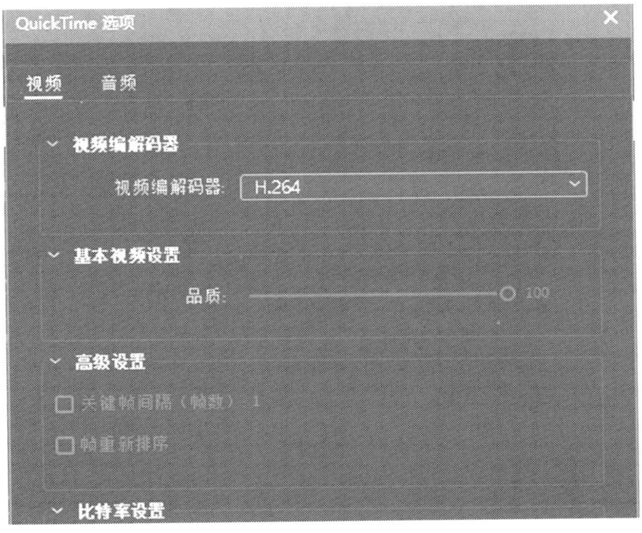

图1-42

步骤4 在"渲染队列"面板中单击"输出到"右侧的合成项目名称，如图1-43所示。打开"将影片输出到"对话框，设置保存路径及名称，单击"保存"按钮，然后在"渲染队列"面板中单击"渲染"按钮等待渲染结果。

图1-43

6. 定制工作区

如果对工作区进行了修改，After Effects会保存这些修改，在下次打开该项目时将使用最近使用过的工作区。任何时候都可以选择"窗口"→"工作区"→"标准"菜单命令，将工作区重置为原始工作区。也可以根据需求自定义工作区，以节省时间。

（1）使用预定义工作区

可以从"窗口"→"工作区"菜单的子菜单中选择After Effects的预定义工作区，如图1-44所示。

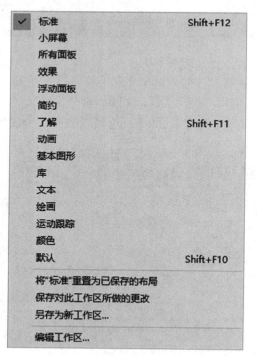

图1-44

步骤1 打开一个项目文件，选择"窗口"→"工作区"→"动画"菜单命令，在After Effects中打开图1-45所示的界面。

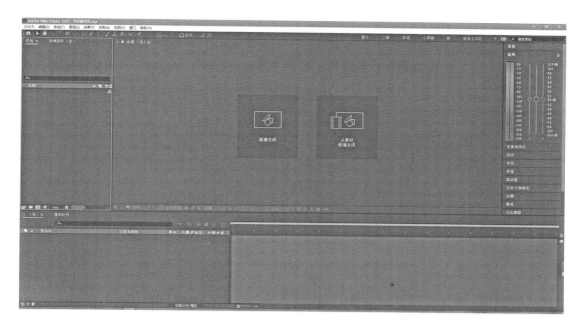

图1-45

步骤2 选择"窗口"→"工作区"→"绘画"菜单命令，打开图1-46所示的界面。

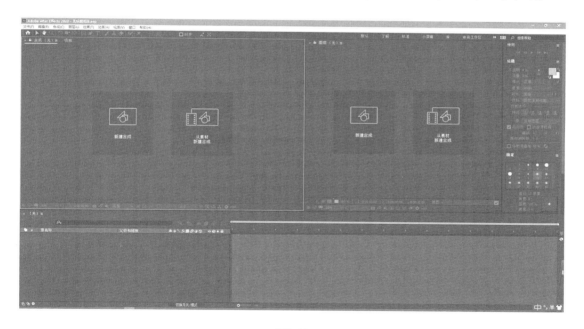

图1-46

（2）保存自定义工作区

可以在任何时候将任一工作区保存为自定义工作区。一旦保存为自定义工作区，该工作区将出现在"窗口"→"工作区"子菜单中。如果一个采用自定义工作区的项目在另一个系统中打开，After Effects会寻找一个名称与其相符的工作区。如果After Effects找到该工作区，则使用该工作区；如果未找到该工作区，则使用当前本地工作区打开该项目。

步骤1　选择"窗口"→"工作区"→"标准"菜单命令，除了"工具"面板、"项目"面板、"合成"面板和"时间轴"面板外，将其他面板全部关闭，如图1-47所示。

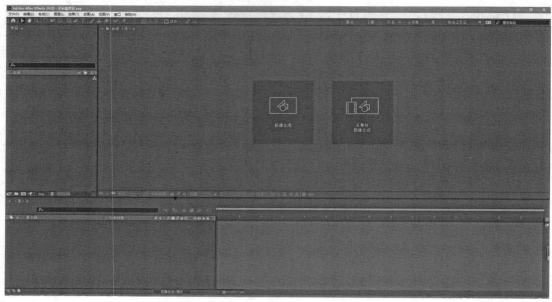

图1-47

步骤2　选择"面板"→"工作区"→"另存为新工作区"菜单命令，打开"新建工作区"对话框，输入新的工作区名称"我的工作区"，如图1-48所示，单击"确定"按钮。此时，在"工作区"子菜单中多了一个工作区"我的工作区"，如图1-49所示。

配套文件

图1-48

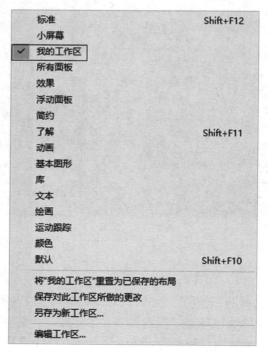

图1-49

第2章 简单动画

特效是After Effects的核心功能之一。在 After Effects 中，几乎所有的特殊变化都是通过特效来实现的。After Effects中的特效就如同Photoshop的滤镜一样，可以使原本平凡的影像变得生动、有趣，可以直接将其作用于图层，并可以在"效果控件"面板中方便地对其进行设置与调整。此外，After Effects中的特效是属于动态层级的，也就是说，After Effects中特效的参数可以随时间的变化而变化。因此，利用After Effects的特效，可以很方便地将静态影像制作成动态效果。

After Effects CC 2020中包含数百种动画预设，可以直接将这些预设应用于当前项目，并可以根据需要进行修改。可以将整个动画预设应用于一个图层，也可以应用动画预设中一个单独的效果或一个单独的属性（如果目标图层中没有动画预设中的该效果或该属性）。动画预设的种类很多，包括背景动画、行为动画、创建图像动画、图像特效动画、图像实用动画、图形动画、合成动画、转场过渡动画、文本动画等。许多动画预设并不包含动画，更恰当的说法是，它们包含效果的合成、变形属性等。可以将已经定义好的设置中的一个或多个属性保存到动画预设中，而不包括关键帧。行为是一种使用起来十分方便的动画预设，可以在不使用关键帧的情况下快速、容易地创建动画。可以将动画预设保存为FFX文件，并从一台计算机传输到另一台计算机。默认情况下，动画预设保存在After Effects CC 2020安装目录下的"Presets"文件夹中。

使用After Effects的各种特效和动画预设，可以简单、快速地创建绚丽的动画效果。下面通过一个案例学习After Effects项目的基本工作流程。

2.1 使用Bridge导入素材

步骤1　在After Effects中打开一个空白项目，如图2-1所示。

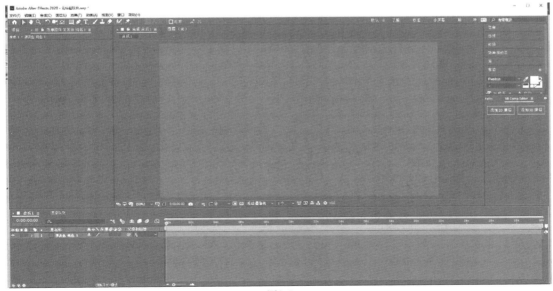

图2-1

步骤2　选择"文件"→"另存为"菜单命令，或者按Ctrl+Shift+S组合键，打开"另存为"对话框，设置保存文件的路径，并将该项目命名为"AE动画.aep"，单击"保存"按钮。

提示　下面使用Bridge导入素材。

步骤3　选择"文件"→"在Bridge中"菜单命令，或者按Ctrl+Alt+Shift+O组合键，切换到Bridge，如图2-2所示。

提示　Bridge是Adobe公司开发的一个组织工具程序，作为Adobe Creative Suite 2（CS2）的一部分最早于2005年5月发布。它可以从Creative Suite 软件套装的其他软件中直接接入，其主要作用是使用类似文件浏览器的形式连接Creative Suite的各个程序，也可以连接在线图片浏览购买网站Adobe Stock Photos。

使用Bridge，可以组织、浏览、定位、打印用于网页、电视、DVD、电影及移动设备的媒体文件，可以很容易地访问Adobe文件（如PSD和PDF文件）与非Adobe应用程序文件，可以将媒体文件拖动到"项目"面板，可以在"项目"面板和"合成"面板中预览媒体文件，还可以向媒体文件中添加元数据（文件信息），使文件更易于查找。

After Effects CC 2020将Bridge纳入其中，以便更灵活、有效地在合成中导入素材。本例将使用Bridge导入动态图像文件，将其作为合成的背景。

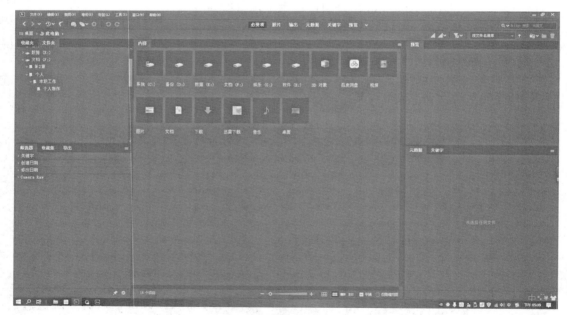

图2-2

提示　从开始菜单中选择"Adobe Bridge"项，也可以打开Bridge。

步骤4　单击Bridge窗口左侧窗格的"文件夹"标签，导航到"第2章"文件夹。

提示　　导航时可以双击Bridge窗口中间窗格"内容"区域中的文件夹缩览图。Bridge窗口中间窗格的"内容"区域为交互式更新。例如，当选择左侧窗格"文件夹"选项卡中的"第2章"文件夹时，"内容"区域将显示该文件夹内容的缩览图。在Bridge中可以显示多种图像文件的缩览图，如PSD、TIFF和JPEG等位图文件，以及AI矢量文件、PDF多页文件、QuickTime电影文件等。

步骤5　拖动Bridge窗口底部的缩览图滑块可以放大预览缩览图，如图2-3所示。

图2-3

提示　　也可以单击"以缩览图形式查看内容"按钮、"以详细信息形式查看内容"按钮和"以列表形式查看内容"按钮查看文件。

步骤6　选择"内容"区域中的"背景视频.mp4"文件，注意该文件的画面会显示在Bridge窗口右侧的"预览"窗格中，而相关信息（包括创建日期、文档类型及文件大小等）会显示在"元数据"窗格中，如图2-4所示。

提示

要将"背景视频.mp4"文件置入After Effects，可以采用以下任一种方式。

- 右击"背景视频.mp4"文件的缩览图，在弹出的快捷菜单中选择"Place in Adobe After Effects 2020"（置于After Effects 2020）命令，如图2-5所示。
- 将该缩览图拖动到After Effects的"项目"面板中，如图2-6所示。

图2-4

图2-5

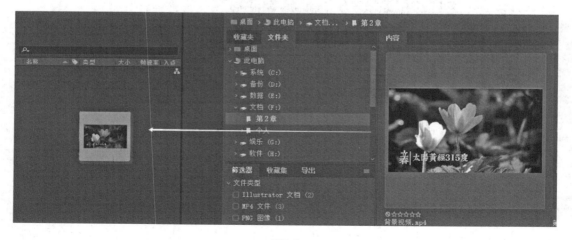

图2-6

步骤7　素材被置入After Effects的"项目"面板，如图2-7所示，Bridge在后台运行。

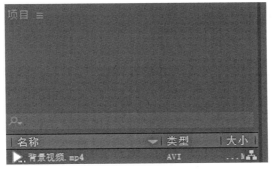

图2-7

提示
　　在"项目"面板中列出了合成和素材等项目。与"时间轴"面板和"效果控件"面板中的项目不同，"项目"面板中的项目顺序对所创建的影片的外观无影响，但也可以组织素材和合成，包括使用文件夹，纯色素材将自动放在"纯色"文件夹中。在"项目"面板中创建的文件夹只位于"项目"面板中，可以展开一个文件夹显示其中的内容，也可以将一个文件夹放在其他文件夹中。

2.2 创建合成

　　合成是影片的框架。可以通过创建素材项目是源的图层，将素材添加到合成中，然后在合成中的空间和时间方面安排各图层，并使用透明度功能进行合成。

　　简单项目可以只包含一个合成，复杂项目可以包含数百个合成以组织大量素材或多个效果。每个合成在"项目"面板中都有一个条目。双击"项目"面板中的合成条目，可在其自己的"时间轴"面板中打开合成。要在"项目"面板中选择合成，可以在"合成"面板或"时间轴"面板中右击合成，在弹出的菜单中选择"在项目中显示合成"命令。

　　使用"合成"面板可以预览合成并手动修改其内容。"合成"面板包含合成帧及帧外部的一个剪贴板区域，可以使用该区域将图层移到合成帧中和从中移出图层。图层的背景范围（不在合成帧中的部分）显示为矩形轮廓，只为预览和最终输出渲染合成帧内的区域。

　　可以采用以下任一方法创建新的合成。

- 单击"项目"面板底部的"创建新合成"按钮▣。
- 选择"合成"→"新建合成"菜单命令。
- 按Ctrl+N组合键。

提示
　　将视频素材文件拖动至"项目"面板底部的"创建新合成"按钮▣上，可以创建一个与视频素材尺寸相同、持续时间相同的合成项目。

　　步骤1　创建新的合成，打开"合成设置"对话框。在该对话框中，将合成命名为

"AE动画"，在"预设"下拉列表中选择"HDTV 1080 25"选项，设置"持续时间"为"0:00:03:00"，如图2-8所示，单击"确定"按钮。

> **提示**　可以随时更改合成设置。但考虑到最终输出，最好是在创建合成时指定帧长宽比和帧大小等设置（注意，帧长宽比也被称为图像长宽比或画面长宽比，是指图像帧的长与宽之比；像素长宽比是指图像中一个像素的长与宽之比）。After Effects 会根据这些合成设置进行特定计算，因此，在工作流中对其进行更改可能会影响最终输出。当渲染到最终输出时，可以覆盖一些合成设置。例如，可以为同一影片指定不同的帧大小。当在不更改"合成设置"对话框中设置的情况下创建合成时，新合成将使用以前的合成设置。新合成不会继承"合成设置"对话框中以前的"在嵌套时或在渲染队列中，保留帧速率"和"在嵌套时保留分辨率"设置。

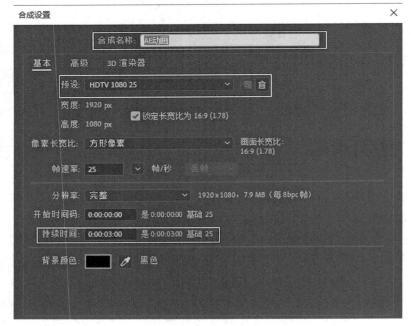

图2-8

> **提示**　After Effects在"合成"面板和"时间轴"面板中都显示一个名为"AE动画"的空白合成，下面为其添加背景。

步骤2　将"背景视频.mp4"文件从"项目"面板拖动到"时间轴"面板，将其添加到"AE动画"合成中，如图2-9所示。

步骤3　确认"时间轴"面板中的"背景视频.mp4"图层处于选中状态，然后选择"图层"→"变换"→"适合复合"菜单命令，将背景图像缩放到与合成相同的尺寸。

> **提示**　将图层的尺寸缩放到合成尺寸的快捷键是Ctrl+Alt+F。

步骤4　添加前景对象，本例的前景对象是在Illustrator中创建的分层矢量图。按Ctrl+Alt+Shift+O组合键切换到Bridge中。

步骤5　选择"第2章"文件夹中的"LOGO.ai"文件，将其拖动到After Effects的"项目"面板中。

图2-9

步骤6　弹出"LOGO.ai"对话框，在"导入种类"下拉列表中选择"合成"选项，在"素材尺寸"下拉列表中选择"图层大小"选项，以原始尺寸导入Illustrator文件内的图层，这可以使处理更便捷，并可以加快渲染速度，如图2-10所示，单击"确定"按钮。

提示　　Illustrator文件被添加到"项目"面板中，生成"LOGO"合成，并生成一个"LOGO个图层"文件夹。该文件夹中包含Illustrator文件中的3个独立图层。可以展开该文件夹，查看其中的内容，如图2-11所示。

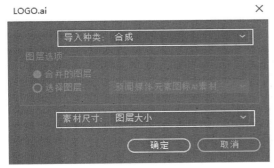

图2-10

图2-11

步骤7 将"LOGO"合成从"项目"面板中拖动到"时间轴"面板中"背景视频.mp4"图层的上方,此时在"合成"面板和"时间轴"面板中可以同时看到背景图像和台标图像,如图2-12所示。

> 📝 **提示** 本例不再使用Bridge,可以将其关闭。

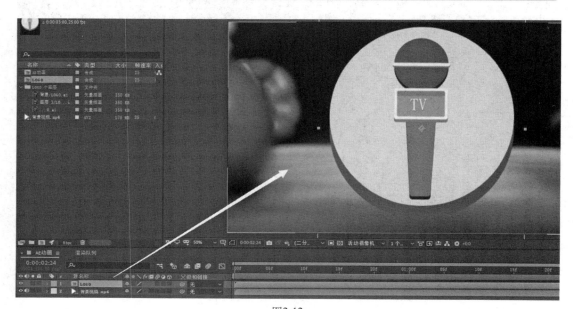

图2-12

2.3 导入Illustrator图层

为了独立于背景素材处理Illustrator文件的图层,需要在"LOGO"合成自己的"时间轴"面板和"合成"面板中将其打开,为其添加文字并制作动画。

步骤1 双击"项目"面板中的"LOGO"合成,在其自己的"时间轴"面板和"合成"面板中将其打开,如图2-13所示。

步骤2 在"工具"面板中选择"横排文字工具"**T**,在"合成"面板中LOGO的左侧单击,输入"VIDEO",此时在"时间轴"面板中自动增加一个文字图层,如图2-14所示。

步骤3 选择输入的文字 "VIDEO",执行"窗口"→"字符"菜单命令或按Ctrl+6组合键,打开"字符"面板,设置文字"VIDEO"的字体为"黑体",字号为"60像素",其他保持默认设置,如图2-15所示。

> 📝 **提示** 如果使用的是英文版After Effects CC 2020,"字符"面板中的字体名称显示为英文,可以在"字符"面板的菜单中取消勾选"以英文显示字体名"命令。

步骤4 执行"窗口"→"段落"菜单命令或按Ctrl+7组合键，打开"段落"面板，设置文字"VIDEO"的对齐方式为"右对齐"，其他保持默认设置，如图2-16所示。

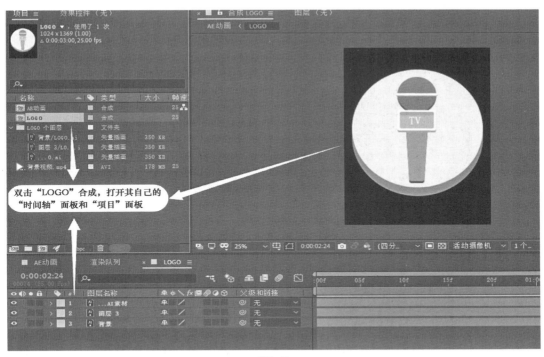

图2-13

图2-14

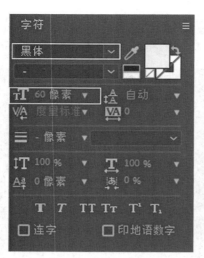

图2-15

图2-16

步骤5 在"工具"面板中选择"选取工具" ▶ ，在"合成"面板中拖动以定位文字，效果如图2-17所示。

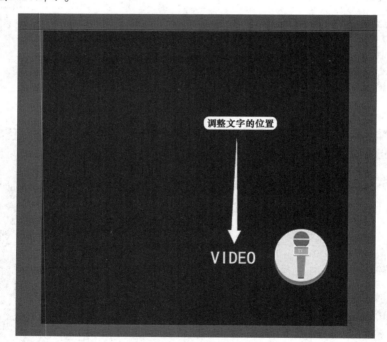

图2-17

提示

选择"视图"→"显示网格"菜单命令，可以使不可打印的网格变为可见，这有助于定位对象，完成操作后可以选择"视图"→"隐藏网格"菜单命令将其隐藏。此外，要显示和隐藏网格，还可以单击"合成"面板下方的"选择网格和参考线选项"按钮 ⊞ ，在弹出的菜单中选择相应选项，如图2-18所示，显示网格后的效果如图2-19所示。

 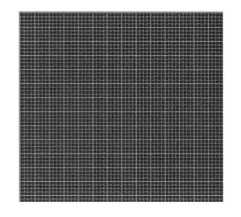

图2-18 图2-19

2.4 对图层应用特效

现在回到"AE动画"主合成，为"LOGO"合成图层应用特效，该特效将对嵌套在"LOGO"合成图层内的所有图层起作用。

- 对图层而言，任何时候都可以为其添加或删除特效。对图层应用特效后，为了突出合成的其他效果，可以暂时关闭图层中的一个或所有特效，被关闭的特效不会显示在"合成"面板中，在预览或渲染该图层时通常也不包含该特效。
- 默认情况下，如果对图层应用特效，该特效在图层存在期间内都有效。使用关键帧或表达式可以使特效在指定的时间开始和停止，也可以使特效随时间的变化增强或减弱。
- 可以对调整图层应用和编辑特效，但对调整图层应用特效时，该特效将应用到"时间轴"面板中该调整图层以下的所有图层。
- 特效也可以作为动画预设存储、浏览和应用。

步骤1　切换到"AE动画"主合成的"时间轴"面板，选择"LOGO"合成图层，下面应用的特效仅作用于Illustrator图层组，而不作用于"背景视频.mp4"图层。

步骤2　选择"效果"→"透视"→"投影"菜单命令，在"合成"面板中，"LOGO"合成图层的嵌套图层（台标和文字"VIDEO"）后将出现柔边阴影，如图2-20所示。

图2-20

提示　在应用特效时，可使用"效果控件"面板进行定制。利用"投影"效果，可以在图层边界的外部创建阴影，此效果使用GPU加速实现更快的渲染。如果仅渲染阴影而不渲染图像，可以选中"仅阴影"复选框。

　　步骤3　在"效果控件"面板中，设置"投影"的"距离"为"8.0"，"柔和度"为"16.0"，如图2-21所示，效果如图2-22所示。

提示　可以单击蓝色数值进行设置，也可以拖动蓝色数值进行设置。

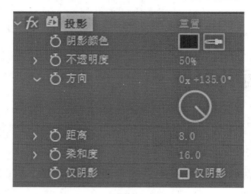

图2-21

图2-22

提示　看起来还不错，如果再为其添加"彩色浮雕"特效，效果会显得更突出。要添加特效，除了可以使用"效果"菜单外，还可以使用"效果和预设"面板。

　　步骤4　在"AE动画"主合成的"时间轴"面板中，确认"LOGO"合成图层被选中，然后打开"效果和预设"面板中的"风格化"特效组。

　　步骤5　将"彩色浮雕"效果拖动到"合成"面板中，以锐化图层中对象的边缘，但不抑制原来的颜色，设置"方向"和"起伏"的数值，其他保持默认设置，如图2-23所示。

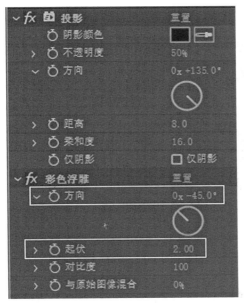

图2-23

提示

"彩色浮雕"效果与"浮雕"效果作用相同，但不会抑制图像的原始颜色。"浮雕"效果可锐化图像的对象边缘，并可抑制图像的原始颜色。

"彩色浮雕"效果的参数释义如下。

● 方向：用于确定高光的发光方向。

● 起伏：用于确定彩色浮雕的外观高度，以"像素"为单位，原理是控制高光边缘的最大宽度。

● 对比度：用于确定图像的锐度。

● 与原始图像混合：用于确定效果的透明度。数值越高，该效果所起到的影响越小。例如，如果将其设置为"100%"，则不会产生明显效果；如果将其设置为"0%"，则不会显示原始图像。

步骤6 选择"文件"→"保存"菜单命令，保存项目。

2.5 应用动画预设

下面使用简单的动画预设，使文字"VIDEO"渐次显示在背景中，这意味着要再次回到"LOGO"合成进行调整，以便只对"VIDEO"文字图层应用动画。

步骤1 切换到"LOGO"合成的"时间轴"面板，选择"VIDEO"文字图层。

步骤2 将时间定位于"0:00:01:10"，这是文字开始淡入的时间点。

步骤3 在"效果和预设"面板中，导航到"动画预设"→"Text"→"Blurs"文件夹，将"子弹头列车"动画预设拖动到"时间轴"面板或"合成"面板中的"VIDEO"文字图层上，文字从"合成"面板中消失，因为此时看到的是动画的第1帧，它是空的，

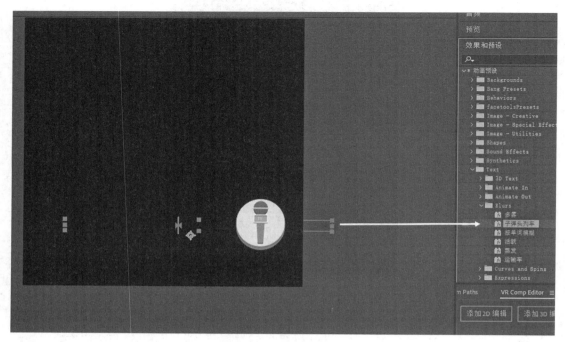

如图2-24所示。

图2-24

步骤4 将当前时间指示器拖动到"0:00:02:10", 手动预览文字动画, 可以看到文字逐字顺序飞入, 直到"0:00:02:10"处, 文字"VIDEO"才全部显示在背景中。

提示

下面为文字"VIDEO"以外的其他元素添加"溶解"效果, 首先需要重组"LOGO"合成的其他3个图层。

重组是指将多个图层嵌套在合成中。要想改变图层成分的渲染顺序, 重组是一种快速的方法, 它可以在现有结构中创建中间嵌套层次。下面通过"预合成"命令实现图层的重组。

步骤5 按住Shift键单击"LOGO"合成的其他3个图层, 将其选中, 如图2-25所示。

图2-25

步骤6 选择"图层"→"预合成"菜单命令, 或者按Ctrl+Shift+C组合键, 打开"预合成"对话框, 如图2-26所示。

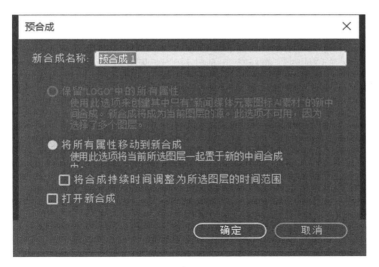

图2-26

提示

  After Effects中的预合成类似于Adobe Photoshop中的智能对象。如果要对合成中已存在的某些图层进行重组，可以预合成这些图层。预合成图层会将这些图层放置在新合成中，替换原始合成中的图层，新的嵌套合成将成为原始合成中单个图层的源（普通嵌套不会出现这种情况）。新合成显示在"项目"面板中，可用于渲染或者在其他任何合成中使用。可以通过将现有合成添加到其他合成中来嵌套合成。预合成单个图层可用于向图层中添加变换属性及影响渲染合成元素的顺序。

  嵌套是一个合成包含在另一个合成中。嵌套合成显示为包含的合成中的一个图层。嵌套合成有时被称为"预合成"。当预合成用作某个图层的源素材项目时，该图层被称为"预合成图层"。

- 保留……中的所有属性：保留原始合成中预合成图层的属性和关键帧，这些属性和关键帧应用于表示预合成的新图层。新合成的帧大小与所选图层的大小相同。当选择多个图层、一个文字图层或一个形状图层时，该选项不可用。

- 将所有属性移动到新合成：在合成的层次结构中将预合成图层的属性和关键帧从根合成中进一步移动一个层次。在使用该选项时，应用于图层属性的更改也将应用于预合成中的各个图层。新合成的帧大小与原始合成的帧大小相同。

  步骤7 在"预合成"对话框中，将新合成命名为"溶解LOGO"，并确认"将所有属性移动到新合成"选项被选中，单击"确定"按钮。

提示

  现在这3个图层被"LOGO"合成中"时间轴"面板中的单个图层"溶解LOGO"所取代。这个重组的图层包含之前选择的3个图层，可以对该图层应用"溶解"效果，而不会影响到"VIDEO"文字图层及其应用的"子弹头列车"动画预设，如图2-27所示。

图2-27

步骤8　在"LOGO"合成的"时间轴"面板中，确认"溶解LOGO"图层被选中，按Home键将时间归零。

步骤9　在"效果和预设"面板中，导航到"动画预设"→"Transition-Dissolves"（溶解-蒸汽），将该动画预设拖动到"时间轴"面板或"合成"面板中的"溶解LOGO"图层上。

> **提示**　"溶解-蒸汽"动画预设包括3个组件，即"溶解主控"、"Box Blur"（方框模糊）和"Solid Composite"（实色混合）。这些组件显示在"效果控件"面板中。本例在此保持默认设置，如图2-28所示。

步骤10　切换到"AE动画"主合成的"时间轴"面板，按Home键将时间归零，确认"LOGO"合成的"时间轴"面板中"溶解LOGO"和"VIDEO"两个图层的"视频开关" 均被选中，单击"预览"面板（如图2-29所示）中的"播放/停止"按钮▶或按Space键预览动画，再次按Space键停止播放。

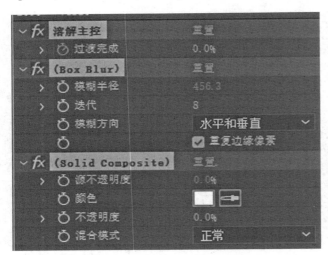

图2-28　　　　　　　　　　　　　　　　　　　　图2-29

>
> **提示**　下面调整"不透明度"属性，使台标显示在背景的右下角。

步骤11　确认当前处于"AE动画"主合成的"时间轴"面板中，将时间定位于"0:00:02:10"。

步骤12　选择"LOGO"合成图层，按T键显示其"不透明度"属性。默认情况下，"不透明度"为100%（完全不透明）。单击"时间变化秒表"图标 ，在该点设置"不透明度"关键帧。

步骤13　按End键，将当前时间指示器移动到结束点"0:00:02:24"，设置不透明度为"40%"，在该点添加关键帧，如图2-30所示。

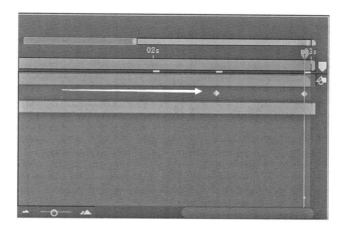

图2-30

提示　现在台标显示在背景中，文字"VIDEO"飞入，其不透明度降低到40%。

步骤14　单击"预览"面板中的"播放/停止"按钮▶，也可以按Space键或数字键盘中的0键，预览合成，按Space键停止播放。

步骤15　选择"文件"→"保存"菜单命令，保存项目。

2.6 渲染合成

在创建输出文件时，合成中的所有图层以及图层的蒙版、特效和属性都会被逐帧渲染进一个或多个输出文件，或者按一定顺序输出到一系列连续文件。

将合成制作成电影文件可能需要几分钟或几小时，这取决于合成的画面尺寸、质量、复杂度及压缩方式。将合成添加到渲染队列中即成为渲染项，它将按照赋予它的设置进行渲染。

After Effects提供多种用于渲染输出的文件格式和压缩方法，采用何种格式和压缩方法取决于输出文件的播放介质或硬件需求（如视频编辑系统等）。

要将合成添加到渲染队列，可采用下述任一方法。

- 选择"项目"面板中的合成，然后选择"合成"→"添加到渲染队列"菜单命令或按Shift+Ctrl+"/"组合键，打开"渲染队列"面板。
- 选择"窗口"→"渲染队列"菜单命令或按Alt+Ctrl+0组合键，打开"渲染队列"面板，将合成从"项目"面板拖入"渲染队列"面板。

> **提示**　下面渲染合成，使其可用于播出。

配套文件

步骤1　将"AE动画"主合成添加到渲染队列。

步骤2　双击"渲染队列"标签，使该面板充满After Effects窗口，如图2-31所示。

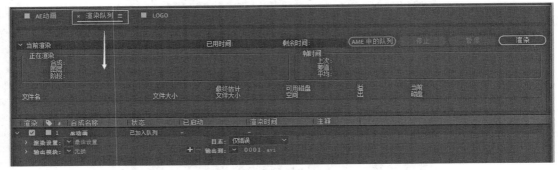

图2-31

步骤3　单击"渲染设置"左侧的箭头图标展开设置区。默认情况下，After Effects采用"最佳设置"渲染合成，保持默认设置。

步骤4　单击"输出模块"左侧的箭头图标展开设置区。默认情况下，After Effects采用"无损"渲染方式，保持默认设置。

步骤5　单击"输出到"右侧的蓝色文字，在弹出的"将影片输出到"对话框中，将影片命名为"最终效果.avi"，指定文件存储路径，单击"保存"按钮。

步骤6　回到"渲染队列"面板，单击"渲染"按钮。文件渲染期间，After Effects在"渲染队列"面板中显示进度条，如图2-32所示。

图2-32

> **提示**　完成渲染后，After Effects会发出报警音。再次双击"渲染队列"标签，恢复工作空间。

第3章 文字动画

在After Effects中，可以直接在"合成"面板中利用文字工具创建文字。After Effects具有强大的文字引擎，并为文字图层增加了专业的文字动画功能，使视频创作更加得心应手、游刃有余。输入文字后，必须设置文字的属性。文字的属性包括字符属性和段落属性。字符属性是指字体、样式、大小及字距等；段落属性是指段落的缩进、对齐等。After Effects提供了许多文字动画处理方法。例如，在"时间轴"面板中设置关键帧、使用动画预设或表达式，还可以对文字图层中的字符应用动画。

下面制作"星空动画纪录片"文字动画。这个动画包括背景视频、图片素材和文字动画特效。

3.1 创建合成

步骤1　在After Effects中新建一个空白项目，选择"文件"→"另存为"菜单命令，或者按Ctrl+Shift+S组合键，打开"另存为"对话框，设置文件的保存路径，并将该项目命名为"星空动画纪录片.aep"，然后单击"保存"按钮。

步骤2　双击"项目"面板中的空白区域，打开"导入文件"对话框。在该对话框中打开"第3章"文件夹，按住Ctrl键选择"星空.mp4"素材文件，如图3-1所示，然后单击"导入"按钮，素材效果如图3-2所示。

图3-1

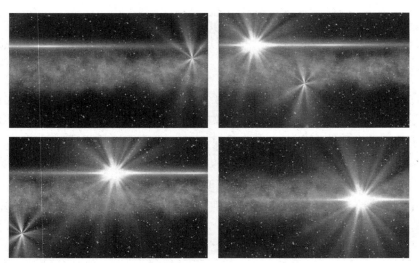

图3-2

提示 下面创建合成。

步骤3　按Ctrl+N组合键，打开"合成设置"对话框。在该对话框中，将合成命名为"星空动画纪录片"，确认选中"PAL D1/DV"预设选项，设置持续时间为"0:00:10:00"，如图3-3所示，单击"确定"按钮。

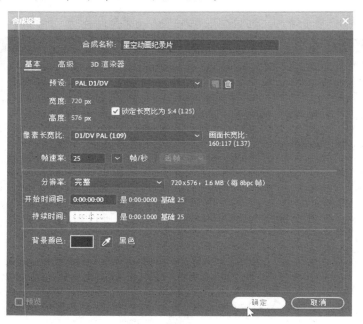

图3-3

提示 "0:00:10:00"是背景影片的时间长度。

步骤4　将"项目"面板中的"星空.mp4"文件拖入"时间轴"面板，生成图层"星空.mp4"图层，选择该图层，按Ctrl+Alt+F组合键，将该图层缩放到合适的大小，如图3-4所示。

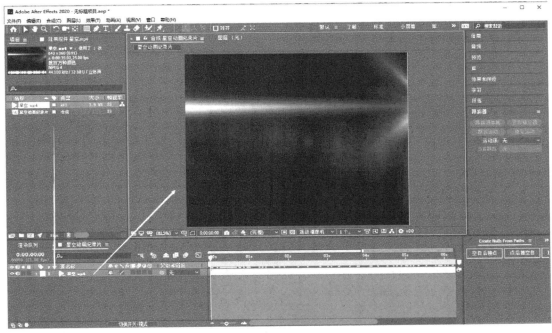

图3-4

步骤5　选择"文件"→"保存"菜单命令，保存项目。

3.2 添加标题文字

After Effects使用两种类型的文本，即点文本和段落文本。点文本适用于输入和编辑词语或单行字符；段落文本适用于输入和编辑一段或多段文字。

在After Effects中，可以灵活、准确地向图层中添加文字，并生成文字图层。After Effects的文字图层在使用上与其他图层类似，可以对文字图层应用特效和表达式，对其进行动画处理，将其指定为3D图层并在编辑3D文本时以多种视图方式进行查看，等等。文字图层是用于创建文本的标准方式，可以设置文字的大小和对齐方式、文字的间距、字距、颜色和字体，可以加载After Effects自带的文字动画预设，选择有上百种。此外，可以为文字图层设置3D效果，可以通过调整位置、旋转、缩放等属性，使文字图层的效果更好。

提示

　　在输入点文本时，每行文字都是独立的，文字行的长度根据文字内容增加或减少，但不会换到下一行。输入的文字显示在新的文字图层中，因为直接在"合成"面板中插入文字会自动创建新文字图层，I型光标中间的短线标注字符基线的位置。下面在合成中添加标题文字。

步骤1 在"工具"面板中选择"横排文字工具" T ，在"合成"面板中的任意位置单击，输入文字"星空"，按数字键盘上的Enter键退出文本编辑模式，选择"合成"面板中的文字图层，如图3-5所示。

提示 利用"合成"面板可以直接创建和编辑文本，在自动创建的文字图层中可以快速改变文字的字体、风格、大小和颜色等，也可以修改单个字符，设置整个段落的格式，包括文字对齐方式、边距和自动换行等。

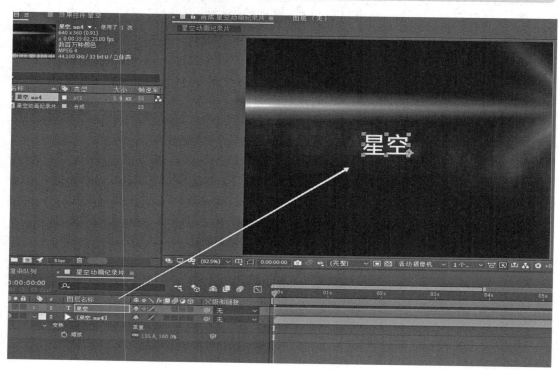

图3-5

提示 按主键盘上的Enter键，可以开始一个新的段落（对于点文本，每行就是一个新的段落）。此外还可以选择其他工具，如"工具"面板中的"选取工具" ，以退出文本编辑模式。

步骤2 选择"窗口"→"工作区"→"文本"菜单命令，打开"字符"面板和"段落"面板，关闭"信息"面板和"音频"面板。

提示 如果要同时打开"字符"面板和"段落"面板，可以选择文字工具，再单击"工具"面板中的"切换字符和段落面板"按钮 。

步骤3 在"字符"面板中展开可选字体下拉列表，设置文字"星空"的字体为"黑体"，再设置字号为"120像素"，其他保持默认设置，如图3-6所示。

提示
　　"字符"面板提供了字符属性的设置参数。如果存在高亮显示的文本，在"字符"面板中所进行的更改将影响高亮显示的文本。如果不存在高亮显示的文本，在"字符"面板中所进行的更改将影响被选中的文字图层和该文字图层中被选中的"源文本"关键帧（如果存在该关键帧）；如果不存在高亮显示的文本，同时也没有被选中的任何文字图层，则在"字符"面板中所进行的更改将成为下一次文字输入的默认设置。

　　步骤4　在"段落"面板中，设置文字"星空"为"居中对齐"，如图3-7所示。

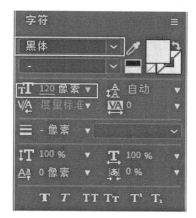

图3-6　　　　　　　　　　　　　　图3-7

提示
　　在"段落"面板中可以设置整个段落的属性，如对齐方式、缩进和行距等。可以使用"段落"面板设置单个段落、多个段落或文字图层中所有段落的属性。

　　步骤5　在"时间轴"面板中选择"星空"文字图层。选择"图层"→"变换"→"适合复合宽度"菜单命令，或者按Alt+Ctrl+Shift+H组合键，将该图层中的文字缩放到合成的宽度，如图3-8所示。

图3-8

　　步骤6　选择"视图"→"显示网格"菜单命令，再选择"视图"→"对齐到网格"菜单命令，利用网格定位文本。

为了准确地定位图层，如果当前操作的是文字图层，可以在"合成"面板中显示标尺，再使用参考线和网格辅助操作，在最终渲染生成的影片中将不包含这些参考线和网格。

步骤7　使用"选取工具"，在"合成"面板中垂直拖动文字，直到字符基线位于"合成"面板正中的水平网格线上为止，如图3-9所示。

提示

拖动时按住Shift键可以限制移动方向，有助于定位文本。

步骤8　再次选择"视图"→"显示网格"菜单命令，将网格隐藏。本项目不用于电视节目播出，因此，允许在动画开始时标题文字和星空图像超出合成的标题安全区和动作安全区，如图3-10所示。

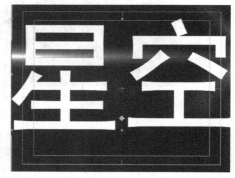

图3-9　　　　　　　　　　　　　　　　　　　　图3-10

步骤9　选择"窗口"→"工作区"→"标准"菜单命令，关闭"字符"面板和"段落"面板。

步骤10　选择"文件"→"保存"菜单命令，保存项目。

3.3　使用文字动画预设

提示

下面对标题文字应用动画，比较简单的方式是使用After Effects自带的动画预设。应用动画预设后，可以进行定制和保存，以便在其他项目中再次使用。

步骤1　按Home键将时间归零，After Effects从当前时间点开始应用动画预设。

提示

如果无法确定使用哪种动画预设，可以在Bridge中预览动画预设，这有助于在项目中选择正确的动画预设，从而有效提高动画的制作速度。

步骤2 选择"星空"文字图层。选择"动画"→"浏览预设"菜单命令，打开Bridge，显示"Presets"文件夹中的内容，如图3-11所示。

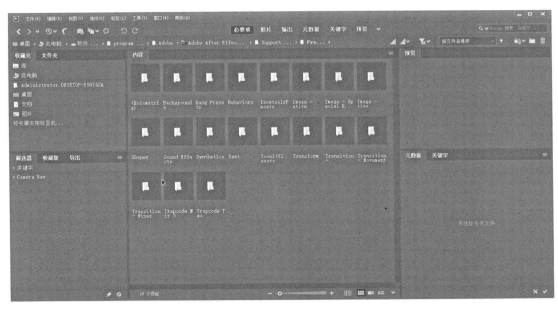

图3-11

步骤3 在"内容"区域中双击"Text"文件夹，再双击"Blurs"文件夹。

步骤4 单击选择预设"蒸发"，如图3-12所示，Bridge在"预览"面板中播放该动画预设。

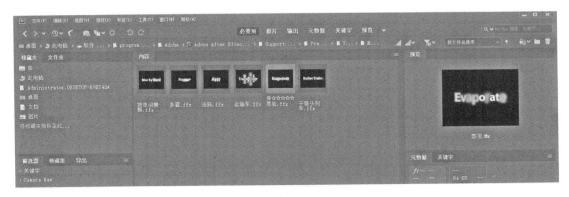

图3-12

步骤5 选择其他几个动画预设，并在"窗口"面板中进行查看。预览"蒸发"预设，双击其缩览图，或者右击其缩览图，在弹出的快捷菜单中选择"Place in Adobe After Effects 2020"（置于Adobe After Effects 2020）命令，如图3-13所示。

步骤6 After Effects将该动画预设应用到当前选中的图层，即"星空"文字图层。这时合成中看不出变化，是因为当前处于"0:00:00:00"，即动画的第1帧，文字还没有显示出"蒸发"效果。

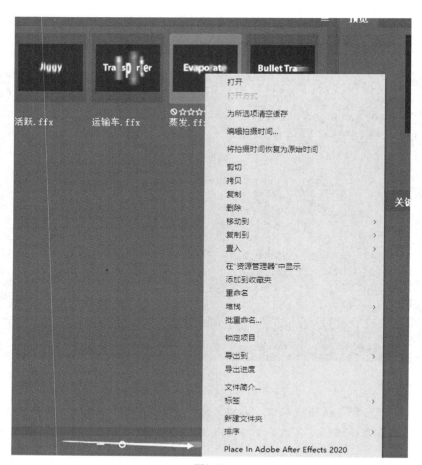

图3-13

 提示

下面预览动画。虽然该合成长达10秒，但只需预览添加了文字动画特效的前几秒就可以了。

步骤7 将时间轴工作区的结束点从时间标尺的右侧拖动到"0:00:03:00"，以预览合成前3秒的内容，如图3-14所示。

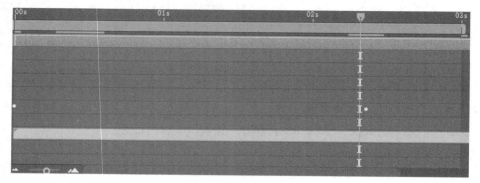

图3-14

按住Shift键拖动时间轴工作区的结束点，可以快速、准确地将当前时间指示器对齐到3秒的位置。

步骤8　按数字键盘上的0键，使用内存预览方式预览动画，如图3-15所示，文字仿佛在背景中蒸发，效果看起来不错。但如果想使文字淡入并保留在背景中，而不是消失，则需要定制该预设，以满足制作的需要。

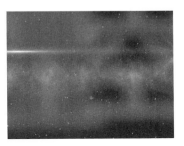

图3-15

步骤9　按Space键结束预览，再按Home键将当前时间归零。

提示

对图层应用动画预设后，在"时间轴"面板中可以修改其属性和关键帧。

步骤10　在"时间轴"面板中选择"星空"文字图层，选择"动画"→"显示所有更改的属性"菜单命令或按U键两次，After Effects显示所有被"蒸发"预设修改过的属性，如图3-16所示。

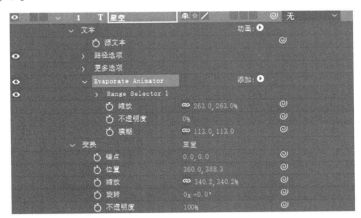

图3-16

步骤11　单击"偏移"属性以选中它的两个关键帧，"偏移"属性用于设置选区开始点和结束点的偏移量，如图3-17所示。

提示

选择"动画"→"显示动画的属性"菜单命令或按U键一次，可以只显示制作动画〔Evaporate Animator（蒸发动画）中的Range Selector 1（区域选择器1）〕的属性参数。

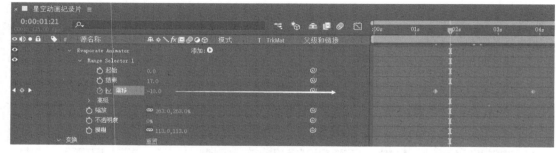

图3-17

步骤12　选择"动画"→"关键帧辅助"→"时间反向关键帧"菜单命令，对调这两个"偏移"关键帧的顺序，使合成开始时隐藏文字，然后再淡入背景中。

步骤13　将当前时间指示器从"0:00:00:00"拖动到"0:00:03:00"，手动预览编辑过的动画。可以看到，文字没有从合成中消失，而是淡入合成，如图3-18所示。

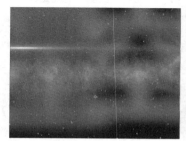

图3-18

步骤14　选择"星空"文字图层，按U键隐藏其属性。

步骤15　拖动时间轴工作区的结束标志到时间标尺的结束点，再选择"文件"→"保存"菜单命令，保存项目。

3.4　通过缩放关键帧制作动画

步骤1　确认"时间轴"面板中的"星空"文字图层被选中，将当前时间指示器移动到"0:00:03:00"。

提示　可以利用图层的"独奏"属性隔离一个图层或多个图层，达到单独显示图层的效果，以进行动画制作、预览或渲染。隔离图层操作对提高刷新、预览和渲染最终输出的速度很有效。在为"星空"文字图层设置"缩放"属性时，可以将该图层隔离。下面隔离"星空"文字图层。

步骤2　在"时间轴"面板中，单击"星空"文字图层的"独奏"列开关，使其显示为 ◉，如图3-19所示。

图3-19

提示　下面创建"缩放"关键帧。

步骤3　在"时间轴"面板中选择"星空"文字图层，按S键显示其"缩放"属性。

步骤4　单击"时间变化秒表"图标 ⏱，在当前时间"0:00:03:00"处添加"缩放"关键帧。

步骤5　将当前时间指示器移动到"0:00:05:00"。

步骤6　减小该图层的"缩放"数值到"100.0,100.0%"，此时After Effects在当前时间点添加新的"缩放"关键帧，如图3-20所示。

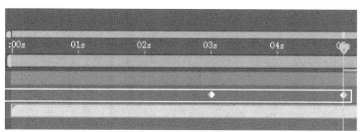

图3-20

提示　下面预览缩放动画。

步骤7　将时间轴工作区的结束点拖动到大约"0:00:05:10"处，即在缩放动画的结束点稍后的位置。

步骤8　单击"独奏"图标 ⏺，解除前面步骤对"星空"文字图层所进行的隔离操作。

步骤9 按数字键盘中的0键，以内存预览方式从"0:00:00:00"开始预览该动画，至"0:00:05:10"结束。可以看到，标题先是淡入，然后缩小到较小的尺寸，如图3-21所示。

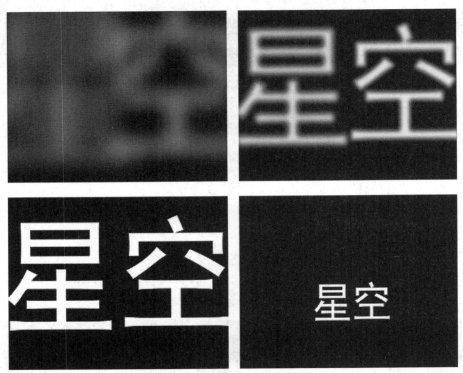

图3-21

 提示 After Effects提供了一些文本缩放动画预设，这些动画预设位于"Presets/Text/Scale"文件夹中。

步骤10 按Space键结束预览。

 提示 缩放动画的开始和结束显得十分生硬，而在实际操作中一般是不会出现这种突然停止的效果的。文字的变化应该是逐渐地到达入点，再逐渐地过渡到出点。

步骤11 右击"0:00:03:00"处的"缩放"关键帧，在弹出的快捷菜单中选择"关键帧辅助"→"缓出"菜单命令，如图3-22所示。

 提示 使用"缓出"特效的关键帧，其钻石图标变为指向左侧的图标，如图3-23所示。

步骤12 右击"0:00:05:00"处的"缩放"关键帧，选择"关键帧辅助"→"缓入"菜单命令，该关键帧的钻石图标变为指向右侧的图标，如图3-24所示。

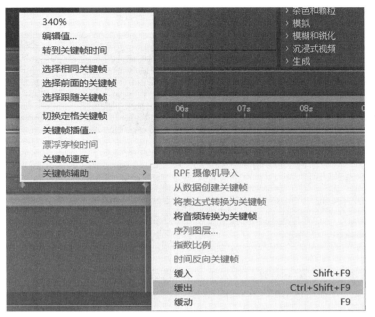

图3-22

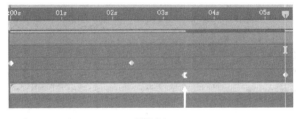

图3-23

图3-24

步骤13 按数字键盘上的0键，以内存预览方式预览动画。可以看到，动画的效果得以改善。

步骤14 按Space键停止预览，选择"时间轴"面板中的"星空"文字图层，然后按S键，隐藏其"缩放"属性。

步骤15 选择"文件"→"保存"菜单命令，保存项目。

3.5 利用父子关系进行动画处理

下面以模拟摄像机变焦效果的方式离开场景，这需要使星空产生缩放变化。可以手动对"星星.png"图层进行动画处理，但比较简便的方法是使用After Effects的父子关系，高效地为场景中的各个元素和背景制作动画效果，这样就不必单独对星空进行动画处理了。

步骤1 按Home键将时间归零。

步骤2 在"时间轴"面板中，从"星星.png"图层的"父级和链接"下拉列表中选择"星空"选项，如图3-25所示，将"星空"文字图层设置为"星星.png"图层的父图层，则"星星.png"图层成为"星空"文字图层的子图层。

图3-25

作为子图层，"星星.png"（子）图层继承了"星空"（父）图层的"缩放"关键帧，这样不仅可以对星星进行快速的动画处理，还可以确保星星图层与文字图层的缩放速率和缩放比例相同。

步骤3　按数字键盘的0键，以内存预览方式预览动画。文字和星星的尺寸在"0:00:03:00"~"0:00:05:00"之间同时缩小，仿佛是以摄像机的变焦效果离开场景一样，如图3-26所示。

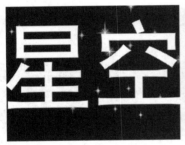  

图3-26

步骤4　按Space键结束预览。

步骤5　按Home键将时间归零，再将时间轴工作区的结束标志拖动到时间标尺的结束点。

步骤6　选择"文件"→"保存"菜单命令，保存项目。

可以利用父子关系，将对一个图层所进行的变换操作赋予另一个图层。在一个图层成为另一个图层的父图层之后，另一个图层被称为"子图层"。一个图层只能有一个父图层，但一个图层可以是同一合成中任意多个2D图层和3D图层的父图层。对父图层的指定和删除不能在动画期间改变，也就是说，不能在一个时间点指定一个图层为父图层，在另一个时间点又将该图层指定为普通图层。

父、子图层适用于创建复杂动画。例如，链接牵线木偶的移动，或描述太阳系中行星的运动轨迹。在图层间建立父子关系后，对父图层所进行的修改将带动子图层相应属性的同步变化。例如，如果父图层从起始位置向右移动5像素，那么子图层也将在其位置向右侧移动5像素。

为导入的Photoshop文字制作文字动画

不是所有的文字动画都只包含两个字（如"星空"），在实际操作中可能会面对更多的文字。手动输入这些文字有时很乏味，这就是After Effects允许导入在Photoshop或Illustrator中制作的文字的原因。在After Effects中可以保留这些文字图层，并对它们进行编辑或为其制作动画。

> **提示** 下面导入在Photoshop中制作的"致谢名单.psd"文件，并对其进行动画处理。

步骤1 双击"项目"面板中的空白区域，打开"导入文件"对话框，在该对话框中选择"第3章"文件夹中的"致谢名单.psd"文件，从"导入为"下拉列表中选择"合成-保持图层大小"选项，如图3-27所示，单击"导入"按钮，然后在弹出的对话框中的"图层选项"区域单击"可编辑的图层样式"单选按钮，单击"确定"按钮。

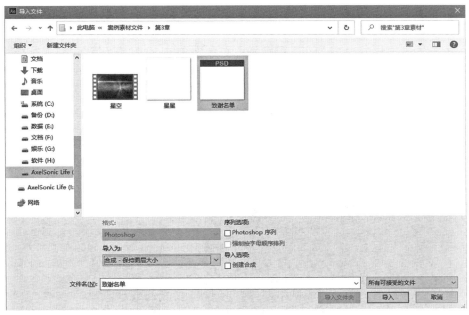

图3-27

步骤2 将"致谢名单"合成从"项目"面板中拖动到"时间轴"面板中，并将其置于图层堆栈的顶部，如图3-28所示。

图3-28

> **提示**　将"致谢名单"文件作为合成导入后，其所有图层信息被完整地保留下来，可以在其自己的"时间轴"面板中进行编辑，也可以单独对各图层进行编辑。
>
> 从Photoshop中导入文字后，需要在After Effects中使其进入可编辑状态，这样才能控制文字输入和进行动画处理。此时可以注意到，导入的文字中有一些错误，如副标题中的"记录"应为"纪录"，下面对导入的文字进行编辑。

步骤3　双击"项目"面板中的"致谢名单"合成，打开其自己的"时间轴"面板。

步骤4　按住Shift键在"致谢名单"合成的"时间轴"面板中单击两个文字图层（如图3-29所示），选择"图层"→"创建"→"转换为可编辑文本"菜单命令，如果After Effects提示不存在相应字体，在提示对话框中单击"确定"按钮。

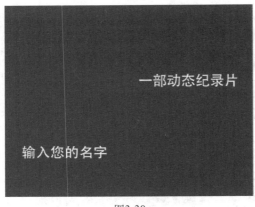

图3-29

步骤5　文字图层进入可编辑状态，选择"时间轴"面板中的第2个图层。

步骤6　使用"横排文字工具"█单击"合成"面板，将"记录"改为"纪录"，如图3-30所示。

步骤7　切换到"选取工具"█，退出文字编辑模式，现在要确保"一部动态纪录片"所使用的字体与标题文字所使用的字体系列相同。

步骤8　按住Shift键在"致谢名单"合成的"时间轴"面板中单击两个文字图层，选择"窗口"→"字符"菜单命令或者按Ctrl+6组合键，打开"字符"面板，设置字体为"黑体"，字号为"20像素"，如图3-31所示。

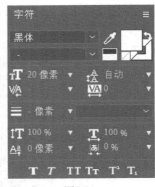

图3-30　　　　　　　　　　　　　图3-31

> **提示**　如果希望副标题"一部动态纪录片"可以在影片标题的下方从左向右淡入显示，比较简便的方法是应用文字动画预设。

步骤9 将当前时间指示器移动到"0:00:05:00"，在该时间点开始动画，该时间点也是标题文字和星空缩放到最终尺寸的时间点。

步骤10 选择"时间轴"面板中的"一部动态纪录片"副标题图层，按Ctrl+Alt+Shift+O组合键切换到Bridge。

步骤11 导航到"Presets/Text/Animate In"文件夹，选择"淡化上升字符"动画预设，并在"预览"窗口中进行预览，如图3-32所示。

图3-32

步骤12 双击"淡化上升字符"动画预设，在After Effects中将其应用到"一部动态纪录片"副标题图层中。

步骤13 在"致谢名单"合成的"时间轴"面板中选择"一部动态纪录片"副标题图层，按U键查看被该预设修改的动画属性（"范围选择器1"），如图3-33所示。

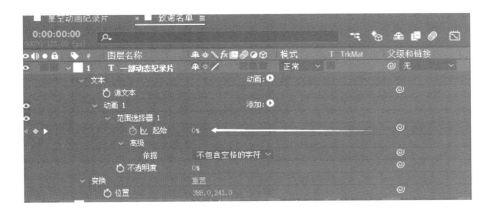

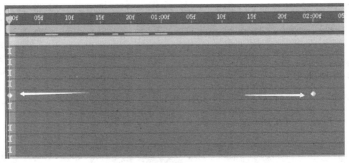

图3-33

 提示 　　在"范围选择器 1"中可以看到两个关键帧，一个位于"0:00:00:00"，另一个位于"0:00:02:00"。下面需要为这个"致谢名单"合成制作多个动画，因此，将"淡化上升字符"特效提早1秒结束。

步骤14　将当前时间指示器移动到"0:00:01:00"，然后将末尾的"起始"关键帧（图中箭头指示"01:00f"处）也拖动到"0:00:01:00"，如图3-34所示。

图3-34

步骤15　将当前时间指示器沿时间标尺在"0:00:00:00"～"0:00:01:00"之间拖动，查看文字淡入效果。

步骤16　在"合成设置"对话框中将"致谢名单"合成的"持续时间"修改为10秒，并选中所有图层，按住Alt键，拖动时间标尺下方的蓝色长条出点延长显示时间，如图3-35所示。

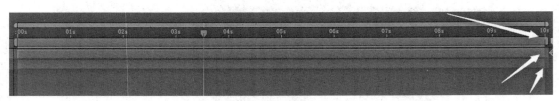

图3-35

步骤17　完成上述操作后，选择"一部动态纪录片"副标题图层，按U键隐藏修改过的属性。

步骤18　选择"文件"→"保存"菜单命令，保存项目。

3.7 用路径预设制作文字动画

After Effects包含一些使文字沿预定路径运动的动画预设，这些动画预设还提供格式化的占位文本。

提示　　下面为文字制作动画，使其沿路径运动，在输入和格式化文本之前先应用动画预设中的占位文本。

步骤1　切换到"星空动画纪录片"的"时间轴"面板，取消选择所有图层，再将当前时间指示器移动到"0:00:05:00"。

步骤2　按Ctrl+Alt+Shift+O组合键，切换到Bridge，导航到"Presets/Text/Paths"文件夹。

步骤3　双击"管状"动画预设，从Bridge切换到After Effects，此时发现在After Effects中自动创建了一个名为"pipes"的新图层，如图3-36所示。

提示　　"pipes"图层具有一个S形的预定义路径，该路径穿过整个合成，路径上的文本被影片标题遮挡而无法看清，如图3-37所示，稍后会解决这个问题。

图3-36

图3-37

> **提示**　下面将占位文本"pipes"改为文字"导演"。

步骤4　在After Effects中，将当前时间指示器移动到"0:00:06:05"，这时文字"pipes"正好水平显示在背景中。

步骤5　双击"时间轴"面板中的"pipes"图层，使用"横排文字工具" T 在"合成"面板中选择文字"pipes"，输入文字"导演"，按数字键盘上的Enter键确认，此时在"时间轴"面板中使用新的图层名称，如图3-38所示。

图3-38

步骤6　打开"字符"面板，选择文字"导演"，设置字体为"黑体"，字号为"30像素"，其他保持默认设置，如图3-39所示，效果如图3-40所示。

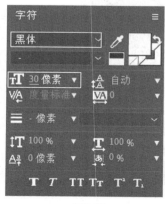

图3-39

图3-40

步骤7 关闭"字符"面板，将当前时间指示器沿时间标尺在"0:00:05:00"～"0:00:08:00"之间拖动，快速预览该路径动画，查看文字"导演"在背景中的运动情况，以及之后是如何从背景中离开的。

步骤8 下面的步骤会修改"导演"文字动画使其停留在背景中，在此先调整路径在合成中的位置，使其不影响影片的标题，如图3-41所示。

提示 可以按住Alt键使用"选取工具"单击路径以选择整个路径，然后按Ctrl+T组合键调整路径的大小，按Enter键确认修改。

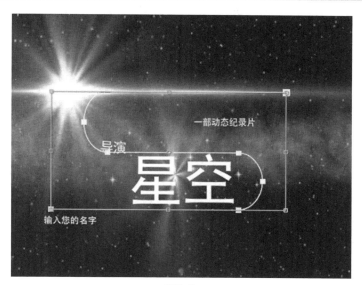

图3-41

步骤9 选择"时间轴"面板中的"导演"图层，按U键隐藏其属性。

步骤10 选择"文件"→"保存"菜单命令，保存项目。

3.8 制作文字追踪动画

下面在合成中使用文字追踪动画预设对导演名字的显示效果进行动画处理。使用文字追踪动画可以使文字在背景中向外扩展开来。

步骤1 此时导演的名字是使用图层中的占位文本"输入您的名字"代替的，在应用动画前要先将其改为具体的名字。切换到"致谢名单"合成的"时间轴"面板，选择"输入您的名字"图层。

提示 在编辑该图层中的文本时，当前时间指示器的位置并不重要。通常文本始终显示在合成中，一旦应用动画将发生改变。

步骤2　在"合成"面板中，使用"横排文字工具"■将文字"输入您的名字"替换为某个名字，如"Cao Xiao Yu"，按数字键盘中的Enter键确认，如图3-42所示。

> **提示**　该图层是在Photoshop中命名的，因此，这次图层名称不会随文字改变。此外，即将用到的动画预设"增加字符间距"对字母产生的效果更好，因此，导演的名字使用汉语拼音。

图3-42

> **提示**　下面对导演的名字应用追踪动画预设，使文字"导演"移动到"星空"旁边后不久，背景中开始显示导演的名字。

步骤3　在"致谢名单"合成中，将当前时间指示器移动到"0:00:07:10"。

步骤4　选择"时间轴"面板中的"输入您的名字"图层，切换到Bridge，导航到"Presets/Text/Tracking"文件夹，找到"增加字符间距"预设，双击该预设将其应用到After Effects中的"输入您的名字"图层。

> **提示**　如果不想切换到Bridge中预览该预设，可以在"效果和预设"面板中直接搜索"增加字符间距"，然后双击该预设，即可将其应用到"时间轴"面板中选中的图层。

步骤5　将当前时间指示器沿时间标尺在"0:00:07:10"～"0:00:09:10"之间拖动，手动预览追踪动画，效果如图3-43所示。

图3-43

提示　　　从动画预览中可以看到，文字在背景中展开。但需要的动画效果是，开始时字符互相重叠在一起，然后扩展至便于阅读的适宜距离，同时加快动画的速度。下面调整"字符间距大小"预设解决这两个问题。

步骤6　在"致谢名单"合成中，选择"时间轴"面板的"输入您的名字"文字图层，按U键显示该预设修改过的属性。

步骤7　将当前时间指示器移动到"0:00:07:10"，在"动画1"中将"字符间距大小"修改为"−14"，使字母重叠在一起，如图3-44和图3-45所示。

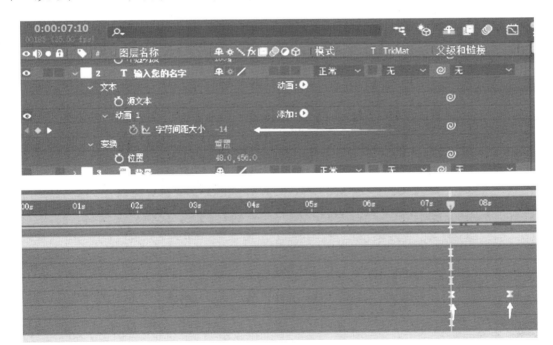

图3-44

图3-45

步骤8　将在"0:00:08:10"处的"字符间距大小"关键帧值设置为"0"，如图3-46
所示，效果如图3-47所示。

图3-46

图3-47

步骤9　将当前时间指示器沿时间标尺在"0:00:07:10"～"0:00:09:10"之间拖动，文
字在背景中显示时字母展开，并在"0:00:08:10"处结束动画。

提示　　下面进一步为导演的名字添加动画特效，使其在字母展开时淡入背景中。要实现这
一动画效果，需要使用上一个动画的关键帧改变图层的"不透明度"属性。

步骤10 在"致谢名单"合成中，选择"时间轴"面板中的"输入您的名字"文字图层。

步骤11 按T键只显示其"不透明度"属性，将当前时间指示器移动到"0:00:07:10"，修改"不透明度"数值为"0%"，然后单击"时间变化秒表"图标 📷 ，设置"不透明度"关键帧，如图3-48所示。

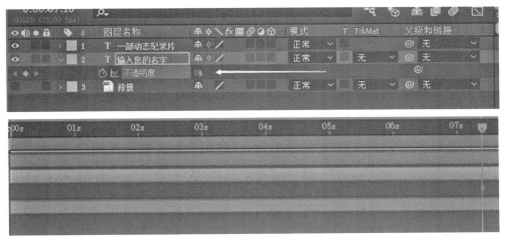

图3-48

步骤12 将当前时间指示器移动到"0:00:07:20"，修改"不透明度"数值为"100%"，添加另一个关键帧。现在，导演的名字在背景中展开时为淡入效果。

步骤13 将当前时间指示器沿时间标尺在"0:00:07:10"~"0:00:09:10"之间拖动，可以看到导演的名字在展开的同时淡入背景中，如图3-49所示。

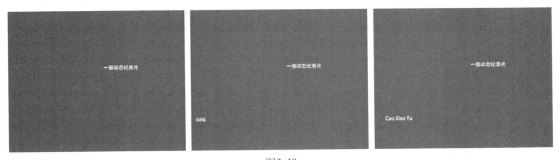

图3-49

步骤14 右击"不透明度"属性结束关键帧，再选择"关键帧辅助"→"缓入"菜单命令。

步骤15 选择"文件"→"保存"菜单命令，保存项目。

3.9 使用文字动画组

文字动画组用于对图层中一段文字内的个别字符进行动画处理，而不影响图层中该段文字其他字符的追踪和不透明度等动画属性。

　　文字动画组包括一个或多个选区，以及一个或多个动画属性。选区的功能与蒙版类似，用于指出动画属性影响文字图层中的哪些字符或哪些部分。选区用于定义一定比例和范围的文字、文字的特定属性。使用选区和动画属性，文字动画组可以创建原本需要多个关键帧才能实现的复杂文字动画。大多数文字动画仅要求对选区的值（而不是属性值）进行动画处理。因此，即使是复杂动画，文字动画也只需使用少量的关键帧。

　　文字动画组对字符的位置、形状，以及与每个字符自己的轴点相对的大小相关属性进行动画处理。

 提示　　下面使用文字动画组对导演名字中的部分文字进行动画处理。

　　步骤1　在"致谢名单"合成中，将当前时间指示器移动到"0:00:08:10"。

　　步骤2　选择"时间轴"面板的"输入您的名字"文字图层，单击"标签"区域中的箭头图标■，隐藏"输入您的名字"图层的"不透明度"属性；然后再次单击该箭头图标■，查看该文本图层的各项属性，如图3-50所示。

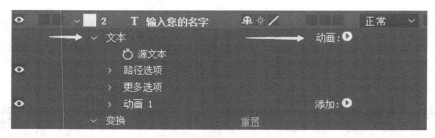

图3-50

　　步骤3　展开"文本"属性右侧的"动画"下拉列表，选择"倾斜"选项，该图层的"文本"属性中会出现一个名为"动画制作工具1"的属性组，如图3-51所示。

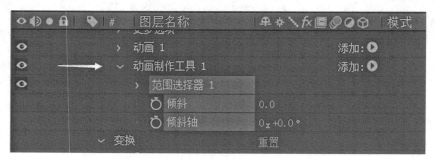

图3-51

 提示　　下面为"动画制作工具1"重命名，使其看上去更直观。

步骤4 选择"动画制作工具1"，按Enter键，将其命名为"倾斜动画组"，再次按Enter键确认更改，如图3-52所示。

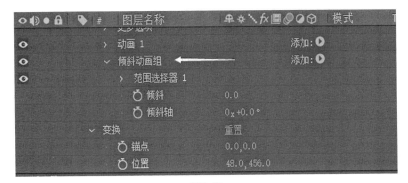

图3-52

　　　　每个动画组都包含一个默认的范围选择器。范围选择器将动画处理限制在文字图层中特定的字符上。可以为动画组添加多个范围选择器，也可以对同一范围选择器应用多个动画属性。下面定义倾斜的字符范围。

步骤5 展开"倾斜动画组"的"范围选择器1"，查看"合成"面板，同时向右侧拖动鼠标指针，调高"倾斜动画组"中"范围选择器1"的"起始"数值，直到合成左侧的选择区提示符刚好位于汉语拼音"Xiao"的第1个字母前为止。

步骤6 向左侧拖动鼠标指针，减小"倾斜动画组"中"范围选择器1"的"结束"数值，直到合成左侧的选择区提示符刚好位于汉语拼音"Xiao"的最后一个字母后为止，如图3-53和图3-54所示。

图3-53

图3-54

　　　　使用"倾斜动画组"的所有属性定义的动画特效都将只影响选中的范围，本例中是指汉语拼音"Xiao"。下面设置"倾斜"关键帧，使汉语拼音"Xiao"摇摆晃动。

步骤7　左右拖动鼠标指针，改变"范围选择器1"的"倾斜"数值，使汉语拼音"Xiao"摇摆晃动，如图3-55和图3-56所示。

图3-55

图3-56

步骤8　设置"倾斜动画组"的"倾斜"数值为"0.0"。

步骤9　将当前时间指示器沿时间标尺移动到"0:00:08:05"，单击"倾斜"的"时间变化秒表"图标，为该属性添加关键帧，如图3-57所示。

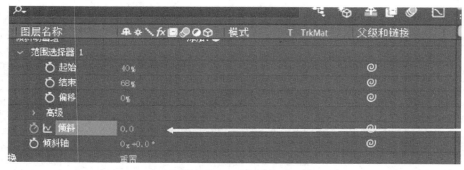

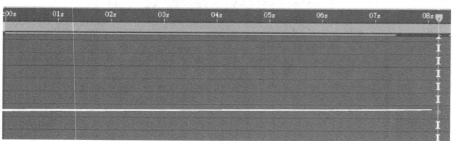

图3-57

步骤10　将当前时间指示器沿时间标尺移动到"0:00:08:08"，设置"倾斜"数值为"50.0"，添加另一个关键帧，如图3-58所示。

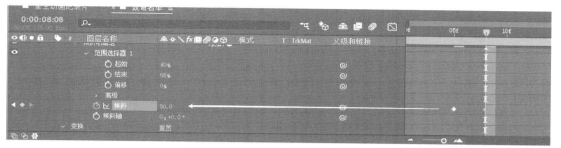

图3-58

步骤11　将当前时间指示器沿时间标尺移动到"0:00:08:15"，设置"倾斜"数值为"-50.0"，添加第3个关键帧，如图3-59所示。

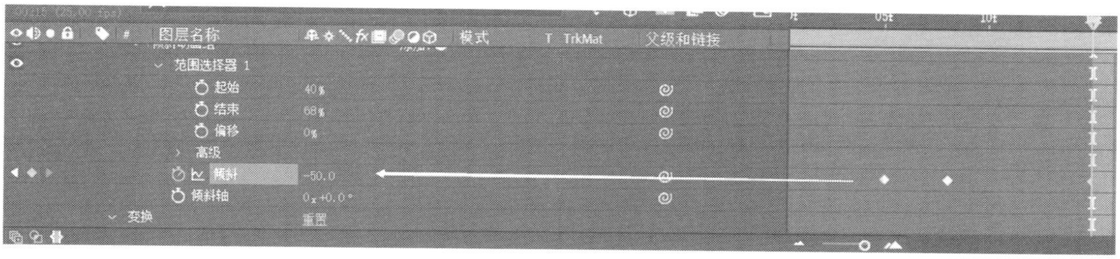

图3-59

步骤12　将当前时间指示器沿时间标尺移动到"0:00:08:20"，设置"倾斜"数值为"0.0"，添加最后一个关键帧，如图3-60所示。

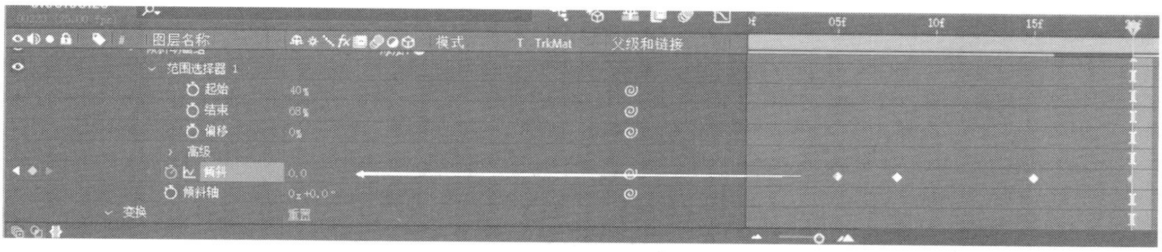

图3-60

步骤13　单击"倾斜"属性名称，选择所有"倾斜"关键帧，然后选择"动画"→"关键帧辅助"→"缓动"菜单命令或按F9键，对所有关键帧添加"缓动"特效，如图3-61所示。

图3-61

步骤14　将当前时间指示器沿时间标尺在"0:00:07:10"～"0:00:08:20"之间拖动，查看导演的名字在背景中淡入和扩展的效果，以及"Xiao"如何摇摆晃动。

步骤15 在"致谢名单"合成的"时间轴"面板中选中"输入您的名字"图层，然后按U键隐藏其属性。

提示 要想从文字图层中快速删除所有文字动画，可以在"时间轴"面板中选择该图层，然后选择"动画"→"移去所有的文本动画器"菜单命令。如果只想删除某个动画，只要在"时间轴"面板中选择该动画名，再按Delete键即可。

步骤16 预览整个合成，切换到"星空动画纪录片"合成的"时间轴"面板，按Home键，将当前时间指示器移动到时间标尺的开始处，按数字键盘上的0键，以内存预览方式预览，按Space键结束播放。

步骤17 选择"文件"→"保存"菜单命令，保存项目。

3.10 修整路径动画

提示 下面针对文字"导演"沿"pipes"预设路径淡入和淡出这一效果进行调整，使该文字在整个动画过程中都为不透明显示，并停止在纪录片标题的上方。

步骤1 在"时间轴"面板中选择"导演"图层，按U键显示该图层的动画属性，如图3-62所示。

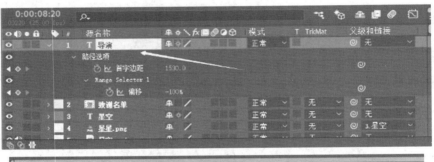

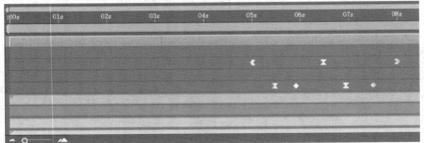

图3-62

步骤2 单击"范围选择器 1"中"偏移"属性的"时间变化秒表"图标 ⏱，删除其所有关键帧。

提示　　根据当前时间指示器图标在时间标尺中所处的不同位置，"范围选择器1"中"偏移"的最终取值可能是"0%"。如果该值不是"0%"，将其设置为"0%"。现在，在合成持续时间内文字"导演"一直可见，如图3-63所示，需要修改"首字边距"属性，使文字动画停止在文字"星空"的上方。

步骤3　在"时间轴"面板中选择"首字边距"属性的最后一个关键帧，将其删除。因为中间关键帧（现在成为最后关键帧）被设置为"缓动"，所以文字"导演"会慢慢停止在文字"星空"的上方，"首字边距"关键帧删除前（左图）后（右图）的对比如图3-64所示。

图3-63

图3-64

步骤4　移动当前时间指示器到"0:00:06:14"，将"首字边距"数值改为"720.0"，如图3-65所示。

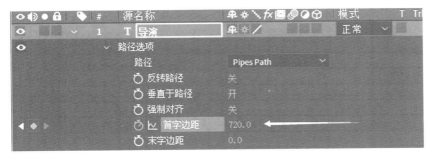

图3-65

提示　　下面调整路径的形状，使路径的开始点和结束点不显示在背景中。

步骤5　选择"选取工具" ，按住Shift键，在"合成"面板中向右拖动S形曲线顶部的路径控制点，观察文字"导演"的位置。

步骤6　单击S形曲线结束点处的路径控制点，将该控制点拖到背景合成的最左端，直到文字"导演"显示在文字"星空"的左上方，如图3-66所示。

图3-66

提示　拖动时按住Shift键可以限制移动轨迹，使路径保持水平。

步骤7　手动预览"0:00:05:00"～"0:00:06:20"，查看修改后的路径动画。

步骤8　选择"时间轴"面板中的"导演"图层，按U键隐藏其属性。

提示　为了使合成看起来更精美、更自然，下面对其应用"运动模糊"特效。

步骤9　在"星空动画纪录片"合成的"时间轴"面板中，打开"星空.mp4"和"致谢名单"图层之外所有图层的"运动模糊"开关 ，如图3-67所示。

图3-67

提示　不需要向"星空.mp4"图层添加"运动模糊"特效，但需要打开"致谢名单"合成内所有图层的"运动模糊"开关。

步骤10　切换到"致谢名单"合成的"时间轴"面板，打开其两个图层的"运动模糊"开关，如图3-68所示。

图3-68

步骤11　切换回"星空动画纪录片"合成的"时间轴"面板，打开"致谢名单"图层的"运动模糊"开关 ◎，然后单击"时间轴"面板顶部的"启用运动模糊总阀"按钮 ◎，这样在"合成"面板中就可以看到运动模糊的效果了。

步骤12　按数字键盘上的0键，以内存预览方式预览整个动画。

步骤13　选择"文件"→"保存"菜单命令，保存项目。

配套文件

第4章 多媒体动画

After Effects CC 2020拥有庞大用户市场的其中一个原因是可以制作关键帧动画，不用每一帧都自己画，控制好首尾关键帧，软件会自动补齐中间的动画，使画面更加流畅。通过After Effects CC 2020中许许多多的动画特效可以使画面更具有层次感，在美感方面比较好把控，配合节奏感强的音乐可以制作出生动的效果，因此，After Effects CC 2020更适合制作MG（Motion Graphic，运动图形）动画、关键帧展示动画等，并受到越来越多的设计师的好评。

本例将学习包括活动视频和Photoshop文件在内的混合媒体作品的制作，重点在于对音频的处理，并进一步熟悉使用"时间轴"面板制作关键帧动画的方法。

4.1 创建项目并导入素材

步骤1　在After Effects中打开一个空白项目。

步骤2　选择"文件"→"另存为"菜单命令，或者按Ctrl+Shift+S组合键，打开"另存为"对话框，设置保存文件的路径，将该项目命名为"多媒体展示.aep"，单击"保存"按钮。

步骤3　执行"文件"→"导入"→"文件"菜单命令，或者按Ctrl+I组合键，在打开的"导入文件"对话框中，选择"第4章"文件夹中的"水粉城市.psd"文件，在"导入为"下拉列表中选择"合成"选项，如图4-1所示。

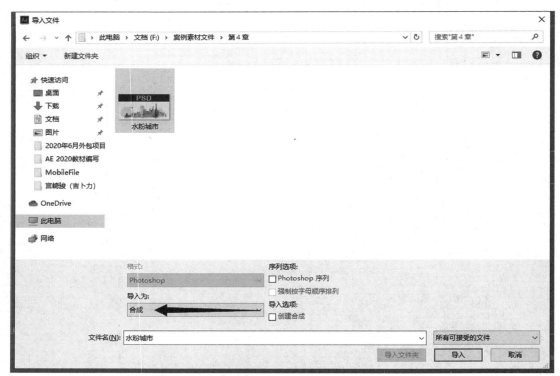

图4-1

步骤4 单击"导入"按钮,生成"水粉城市"合成,"项目"面板如图4-2所示。

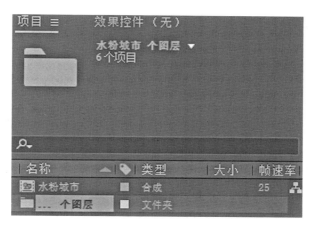

图4-2

步骤5 双击"水粉城市"合成,打开其"时间轴"面板和"合成"面板,如图4-3所示。

图4-3

步骤6 选择"项目"面板中的"水粉城市"合成,选择"合成"→"合成设置"菜单命令,打开"合成设置"对话框,参数设置如图4-4所示。

步骤7 单击"确定"按钮,"合成"面板的预览效果如图4-5所示。

图4-4

图4-5

4.2 利用父子关系对场景进行动画处理

　　如果需要将对某个图层所进行的变换操作分配给其他图层以同步对图层的修改，可以使用图层的父子关系。在分配父图层时，子图层的"变换"属性将与父图层而非合成有关。父图层类似于分组，对组所进行的变换操作与父图层的锚点相关。父图层影响除"不透明度"以外的所有"变换"属性，例如"位置""缩放""旋转""方向"（针对3D图层）。

可以独立于父图层为子图层制作动画，也可以使用空对象分配父图层（空对象是具有可见图层的所有属性的不可见图层，因此，它可以是合成中任何图层的父图层）。

在创建父子关系时，可以选择是使子图层具有父图层的"变换"属性值，还是保持其自己的"变换"属性值。如果选择使子图层具有父图层的"变换"属性值，则子图层将跳跃到父图层的位置；如果选择使子图层保持其自己的"变换"属性值，则子图层停留在原位。在这两种情况下，对父图层的"变换"属性值所进行的后续修改将应用于子图层。

- 要为图层分配父级，可以在"父级和链接"列中将关联器 从要成为子图层的图层拖动到要成为父图层的图层，也可以在"父级和链接"列中单击要成为子图层的图层，然后在弹出的列表中选择父图层的名称。
- 要从图层中删除父级，可以在"父级和链接"列中单击要从中删除父级的图层，然后在弹出的列表中选择"无"选项，也可以在"时间轴"面板中按住 Ctrl 键单击子图层的父级关联器 。按住 Alt+Ctrl组合键并单击子图层的父级关联器 ，可删除父级并使子图层跳跃。
- 要扩展所选项，使其包括所选父图层的所有子图层，可以在"合成"或"时间轴"面板中右击图层，然后在弹出的菜单中选择"选择子项"命令。
- 要在分配或删除父级时使子图层跳跃，可以在分配或删除父级时按住 Alt 键。

关于After Effects的父子关系，可以理解为"从属关系"，父级做什么，子级无条件跟着做什么，父级所做的变动，子级都会跟随。使用父子关系可以大大减少多次调整"位置""缩放"等属性的麻烦，更高效地将动画制作出来。

 提示　下面利用父子关系使"图层5""图层4""图层3"中对象的移动与动画的"背景"图层保持同步。首先设置父子关系。

步骤1　在"时间轴"面板中按住Ctrl键选择"图层5""图层4""图层1"。

步骤2　将除"图层3"以外的被选择图层设置为"图层3"的子图层，如图4-6所示。

 提示　如果在屏幕中看不到"父级和链接"列，可以从"时间轴"面板菜单中选择"列数"→"父级和链接"命令。

图4-6

下面对"图层3"（父图层）的位置进行动画处理，使图层中的对象沿水平方向移动，则子图层将按同样的方式移动。

　　步骤3　按Home键，使当前时间指示器位于时间标尺的开始点。

　　步骤4　在"时间轴"面板中选择"图层3"，按P键显示其"位置"属性，将其设置为"1029.0, 150.0"，然后单击"时间变化秒表"图标 ，创建"位置"关键帧，如图4-7所示，使"背景"图层移出场景的左侧，类似摄像机移动的效果。

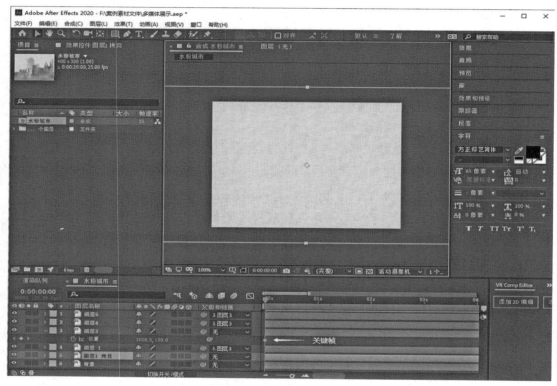

图4-7

　　步骤5　将当前时间指示器沿时间标尺移动到"0:00:09:15"，设置"图层3"的"位置"为"-626.0, 150.0"，在该点设置另一个关键帧，在"合成"面板中显示出动画的运动轨迹，如图4-8所示。

　　现在"背景"图层在整个合成内移动，因为"图层5""图层4""图层1"是"图层3"（父）图层的子图层，所以它们都从相同的起点水平移动。

　　步骤6　选择"图层3"，按U键隐藏其属性，使"时间轴"面板显得简洁。

　　为了完成动画的整体处理，下面应用"运动模糊"特效使运动效果显得更真实。

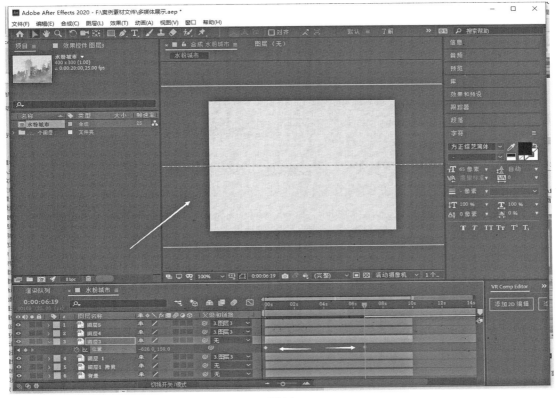

图4-8

步骤7 单击"图层5""图层4""图层3""图层1"4个图层的"运动模糊"开关，打开"运动模糊"特效，然后单击"时间轴"面板顶部的"启用运动模糊"按钮，以便在"合成"面板中查看运动模糊效果。

步骤8 将当前时间指示器从"0:00:00:00"拖动到"0:00:9:15"，预览4个城市水墨图层的移动效果。

步骤9 结束预览，将当前时间指示器拖回"0:00:00:00"。

步骤10 选择"文件"→"保存"菜单命令，保存项目。

4.3 添加音轨

音频是存储在计算机中的声音。如果计算机配备相应的音频卡（即声卡），就可以将所有声音录制下来，声音的声学特性（如音频的高低等）都可以被存储。

音轨是指在音序器软件中看到的一条一条的平行"轨道"。每条音轨分别定义了各自的属性，如音色、音色库、通道数、输入/输出端口、音量等。当使用音序器时，接触最多的就是音轨，一条音轨对应音乐的一个声部，它将MIDI或者音频数据记录在特定的时间位置。每一条音轨可以被定义为一种乐器的演奏。所有音序器都可以允许多音轨操作，这意味着一首乐曲的所有音轨无论是MIDI还是音频都能同时播放。

使用After Effects CC 2020可以轻松地对音频进行编辑制作，并且可以与After Effects中的合成影像进行结合，打造出独一无二的视听效果。在使用包含音频的素材时，播放的默认音频级别是0 dB，设置正分贝级别会增加音量，设置负分贝级别会减小音量。双击"音频电平"关键帧，可以激活"音频"面板。

在播放音频时，"音频"面板中的VU指示器会显示音频的音量范围。指示器顶端的红色块表示系统的音量限制。

在"音频"面板中要调整音量，可以执行以下任一操作。

● 要一起设置左声道和右声道的级别，可以向上或向下拖动中心滑块。

● 要设置左声道的级别，可以向上或向下拖动左滑块，或在左滑块底部的级别框中输入数值。

● 要设置右声道的级别，可以向上或向下拖动右滑块，或在右滑块底部的级别框中输入数值。

本例需要使用Bridge导入音频，然后在After Effects中对音频进行简单的处理。

步骤1　选择"文件"→"浏览"命令，切换到Bridge。

步骤2　在"第4章"文件夹中选择"古筝.mp3"音频文件，在Bridge中可以预听该音频文件。

步骤3　单击"预览"面板中的"播放"按钮▶试听音频，单击"暂停"按钮Ⅱ停止播放。

步骤4　双击"古筝.mp3"文件，将其导入After Effects的"项目"面板中。

步骤5　将"古筝.mp3"文件从"项目"面板拖动到"水粉城市"合成的"时间轴"面板中，并将其放置在图层栈的底部，如图4-9所示。

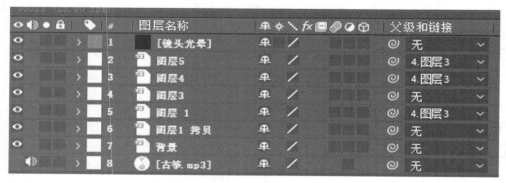

图4-9

提示　　注意"古筝.mp3"图层的持续时间，它与合成的持续时间并不相同，但通过循环播放，可以在整个合成中持续播放该音频。该音频具有明显的循环节奏，可以使用"时间重映射"功能实现连续播放。After Effects支持*.AAC、*.AU、*.AIFF、*.MP3、*.WAV、*.WMA等音频格式的导入。

步骤6　在"时间轴"面板中选择"古筝.mp3"图层，选择"图层"→"时间"→"启用时间重映射"菜单命令或按Alt+Ctrl+T组合键，在"时间轴"面板中显示出该图层的"时间重映射"属性，同时间标尺上显示该图层的两个"时间重映射"关键帧，如图4-10所示。

图4-10

提示

可以使用"时间重映射"功能延长、压缩、回放或冻结图层持续时间的某个部分，对于慢动作、快动作和反向运动组合很有用。非时间重映射素材中的帧在一个方向上以恒定的速度显示，而时间重映射会扭曲图层中一定范围内帧的时间。当将时间重映射应用于包含音频和视频的图层时，音频与视频仍然保持同步。可以重映射音频文件，以逐渐降低或增加音高、回放音频或创建经过调频的声音或凌乱的声音，但无法对静止图像图层进行时间重映射。

可以在"图层"面板或图表编辑器中重映射时间。

● "图层"面板提供所更改的帧的直观参考及帧编号，显示当前时间指示器和重映射时间标记，移动这些对象可以选择要在当前时间播放的帧。

● 图表编辑器提供变化视图，这些变化通过修改关键帧和曲线（例如针对其他图层属性所显示的曲线）随时间进行指定。

在图表编辑器中重映射时间时，使用"时间重映射"值图表中显示的值可以确定和控制哪个帧在哪个时间点播放。每个时间重映射关键帧都有一个与其关联的时间值，并对应于图层中的某个特定帧，该值在"时间重映射"值图表中垂直显示。当对某个图层启用时间重映射时，After Effects 会在该图层的开始点和结束点添加一个时间重映射关键帧。这些初始时间重映射关键帧的垂直时间值，等于其在时间轴上的水平位置。

通过设置其他时间重映射关键帧，可以创建复杂的运动效果。每次添加时间重映射关键帧时，都会创建另一个可以更改播放速度或方向的时间点。在值图表中上、下移动关键帧，可以调整将哪个帧设置为在当前时间播放。After Effects 随后插入中间帧，并从该点向前或向后将素材播放到下一个时间重映射关键帧。在值图表中从左到右查看时，向上的偏角表示向前播放，向下的偏角表示反向播放。向上或向下偏角的度数对应于播放的速度。

同样，显示在"时间重映射"属性名称右侧的数值指示哪个帧在当前时间播放。当上、下拖动值图表标记时，该数值会发生相应的变化并会设置时间重映射关键帧。可以单击该数值并输入一个新数值，或拖动该数值对其进行调整。源素材的原始持续时间在重映射时间时可能不再有效，因为图层的各个部分不再以原始速率播放，必要时可以在重映射时间之前为图层设置新的持续时间。如果重映射时间并生成的帧速率与原始速率的差异非常大，则可能会影响图层中运动的品质。应用帧混合以改进慢动作或快动作的时间重映射。

步骤7　按住Alt键单击该图层"时间重映射"属性的"时间变化秒表"图标 ，为"时间重映射"属性设置默认表达式，如图4-11所示。由于一开始没有输入表达式，在"合成"

面板中并不立即显示效果。

图4-11

提示　当想要创建和链接复杂的动画，又不想生成许许多多的关键帧时，可以使用表达式。使用表达式，可以在图层的属性间创建关联，以及使用一个属性的关键帧动态地对其他图层创建动画。动画预设也包括表达式，甚至完全是表达式。使用表达式的动画预设有时被称为"行为"（behaviors）。向属性添加表达式后，可以继续为该属性添加或编辑关键帧。表达式可使用由该属性的关键帧生成的值作为它的输入值，然后使用该值生成一个新值（即在自身操作）。

表达式是一小段代码，与脚本非常相似，可以将其插入到 After Effects 项目中，以在特定时间点为单个图层属性计算单个值。与脚本不同之处在于，表达式会告诉属性执行某种操作。表达式语言基于标准的 JavaScript 语言。可以创建表达式，方法是使用关联器或者复制简单示例并修改示例以满足需求。

在向某一属性添加表达式后，可以继续为该属性添加或编辑关键帧。表达式可以采用某一属性值（由其关键帧确定）并使用该值生成新的修改值。

步骤8　在"古筝.mp3"图层的"表达式：时间重映射"属性中，展开"表达式语言菜单"下拉列表，选择"Property"→"loopOut（type="cycle", numKeyframes=0）"命令，如图4-12所示，此时"时间轴"面板如图4-13所示。

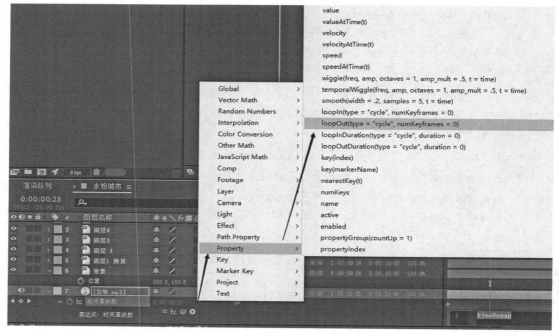

图4-12

图4-13

提示

　　如果使用多个关键帧创建重复的动画可能会非常耗时，使用loop表达式可以自动执行该过程，并创建复杂的循环动画。loop表达式有两种类型的循环，即loopIn和loopOut（更常用）。因此，带有表达式loopOut()或loopOut ("cycle") 的旋转属性可以循环播放动画，直到时间结束。在此将该音频设置为周期性循环，可以不断地重复播放该音频。

步骤9　在"时间轴"面板中选择"古筝.mp3"图层，按U键隐藏其属性。

步骤10　选择"文件"→"保存"菜单命令，保存项目。

配套文件

85

第5章 图层动画

动画是指随着时间的变化，一个对象的各种属性（例如位置、不透明度、缩放等）发生改变。MG动画是时下产品动效设计中较为流行的动画表现形式。MG动画视频的制作原理与传统动画、Flash动画类似，不过在流程上比Flash动画更简洁，在成本上比传统动画更低廉，受众范围更广，非常适合产品表现及广告展示等，并且会使动画视频更具直观性和趣味性。

MG动画视频的制作流程一般分为3个阶段，即前期、中期和后期。

前期制作流程主要包括编写剧本、设定角色造型和背景风格等。MG动画视频的剧本需要立足于生活，同时融入创意元素，以明确整部作品的主题。

MG动画视频的中期制作主要包括制作故事板、分镜等，动画转场的形式要灵活多变，不能过于单一，更不能显得突兀。每一幅画面都需要有一定的动态展示效果，不能使观者感到疲劳。人物动画尽量做成元件动画素材，这对于后期的多次调用是比较方便的。

MG动画视频的后期制作包括素材剪辑、音效合成及多格式输出等。大部分客户采用MP4（H.264）格式，该格式比较通用，可以上传至网络或者使用手机、计算机播放。MG动画视频将文字、声音、画面进行有效合成，根据音效处理来确保动画的节奏，使动画的效果更协调。

本章学习为Photoshop文件中的图层制作动画的方法，包括蒙版形状、图层动画等。After Effects CC 2020 提供了蒙版与形状工具等多种效果工具，可以很轻松地对各种图层进行动画处理，也可以为图层添加各种图形并进行微调。

下面制作本例"MG动画制作学院片头效果"。

5.1 创建合成

步骤1　在After Effects中打开一个空白项目。

步骤2　选择"文件"→"另存为"菜单命令，或者按Ctrl+Shift+S组合键，打开"另存为"对话框，设置保存文件的路径，将该项目命名为"图层动画.aep"，单击"保存"按钮。

步骤3　选择"文件"→"导入"→"文件"菜单命令，或者按Ctrl+I组合键，打开"导入文件"对话框，选择"第5章"文件夹中的文件"LOGO（矢量图）.psd"，在"导入为"下拉列表中选择"合成-保持图层大小"选项，使每个图层的尺寸与该图层的内容相符，如图5-1所示，单击"导入"按钮。

步骤4　软件自动生成名为"LOGO（矢量图）"的合成，并自动生成一个文件夹"LOGO（矢量图）个图层"，此时"项目"面板如图5-2所示。

步骤5　在"项目"面板中展开文件夹"LOGO（矢量图）个图层"，查看Photoshop图层，如图5-3所示，可以重置"名称"列的宽度以便查看。

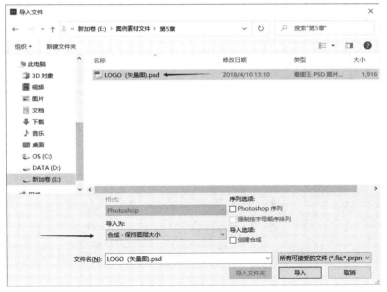

图5-1

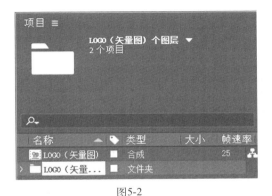

图5-2

图5-3

提示

　　After Effects会保留Photoshop源文件中的图层顺序和透明度数据，以及其他一些信息，如调整图层及其类型等。本例暂时不使用这些信息。

　　在导入Photoshop图层文件前，有目的地准备文件可以缩短预览和渲染时间，例如，恰当地命名Photoshop图层可以在导入和更新图层时避免出现问题。在将Photoshop图层文件导入After Effects前应执行如下操作。

- 组织并命名图层。如果在Photoshop图层文件导入After Effects后再修改其中的图层名称，After Effects仍然会保留原来图层的链接。如果删除图层，After Effects会无法找回原来的图层，并在"项目"面板中将该图层标识为丢失状态。
- 确保每个图层的名称唯一，以避免发生混淆。

下面创建合成。

　　步骤6　按Ctrl+N组合键新建合成，弹出"合成设置"对话框，设置"合成名称"为"标志动画"，在"基本"选项卡中设置"预设"为"HDTV 1080 25"，"持续时间"为"0:00:10:00"，如图5-4所示，单击"确定"按钮，效果如图5-5所示。

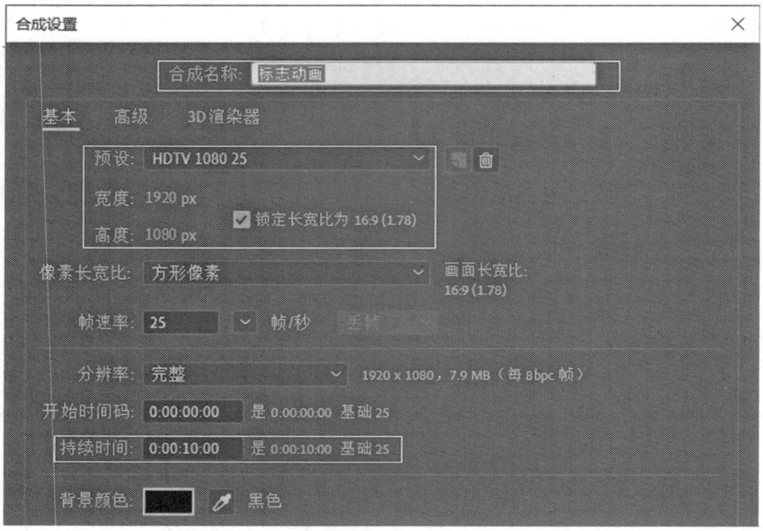

图5-4

图5-5

5.2 绘制及处理蒙版

蒙版（Mask）是一种路径，包括闭合路径和开放路径。蒙版依附于图层而非单独的图层，常用于修改图层属性，例如图层透明度（修改形状）等。

遮罩（Matte）用于遮挡部分图像内容，并显示特定区域的图像内容，相当于一个窗口。与蒙版不同的是，遮罩是作为一个单独的图层存在的，并且通常是上对下遮挡的关系。

提示 下面为合成制作背景，需要用到蒙版的绘制与处理，在此可以利用纯色图层。

步骤1　按Ctrl+Y组合键新建纯色图层，设置"颜色"为粉红色，如图5-6所示，单击"确定"按钮。

步骤2　单击选中纯色图层，使用"钢笔工具" 绘制图层蒙版，按Enter键确认操作，如图5-7所示。

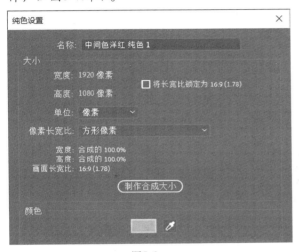

图5-6

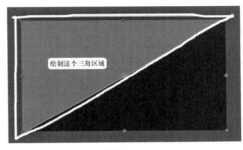

图5-7

步骤3　复制纯色图层，双击图层蒙版绘制轨迹，按Ctrl+Shift+I组合键进行图层蒙版的翻转，然后在"时间轴"面板中单击进行了图层复制及图层蒙版翻转操作的纯色图层，按T键修改其不透明度为"50%"，如图5-8所示。

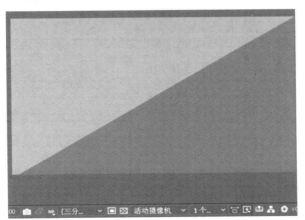

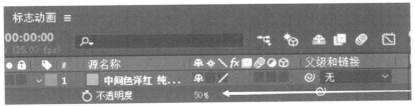

图5-8

89

步骤4　按Ctrl+Y组合键，新建一个白色纯色图层，将其重命名为"小球动画"。

步骤5　使用"钢笔工具"绘制小球遮罩，然后展开"小球动画"图层中的"蒙版"属性，再展开"蒙版1"，使用"时间变化秒表"图标为"蒙版路径"的第1帧设置关键帧，随时为小球蒙版调整形状路径和位移的效果，如图5-9所示。

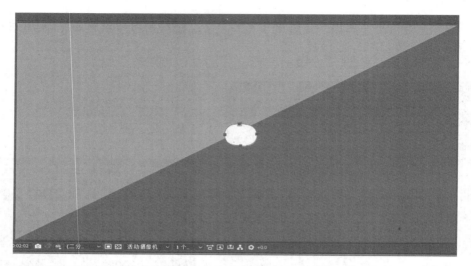

图5-9

步骤6　为"小球动画"图层打开"运动模糊"开关，并单击"时间轴"面板右上角的"启用运动模糊"按钮，预览小球动画效果。

步骤7　按Ctrl+Y组合键再次新建白色纯色图层，将其重命名为"闪白"，在"时间轴"面板的"图层"列中选择"闪白"纯色图层，按T键调整"不透明度"属性，按Home键在起始处使用"时间变化秒表"图标设置关键帧，在"00:00:00:10"处将"不透明度"改为"0%"，如图5-10所示。

步骤8　选中"小球动画"图层，按U键展开"蒙版1"的"蒙版路径"属性，并在"0:00:01:08"处设置静止帧，如图5-11所示。

图5-10

图5-11

5.3 制作放射线

在After Effects CC 2020中，可以使用绘制工具绘制不同的形状。当使用绘制工具绘制形状时会创建一个新图层，该图层被称为"形状图层"。创建形状图层后，可以指定填充和描边颜色，以及透明度和渐变，还可以为形状设置动画。

步骤1　按Ctrl+N组合键新建合成，然后右击"时间轴"面板中的"图层"列，选择"新建"→"形状图层"命令，插入形状图层。

步骤2　展开"形状图层1"，单击"内容"右侧的"添加"三角按钮 ，在弹出的菜单（如图5-12所示）中先后选择"组（空）"和"矩形"命令，分别插入"组（空）"和"矩形"。

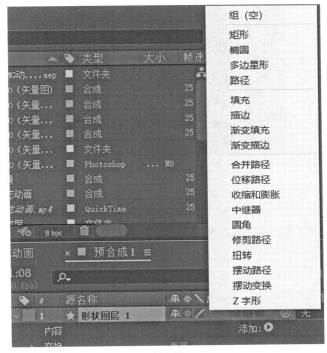

图5-12

步骤3　选择"形状图层 1"，单击"内容"右侧的"添加"三角按钮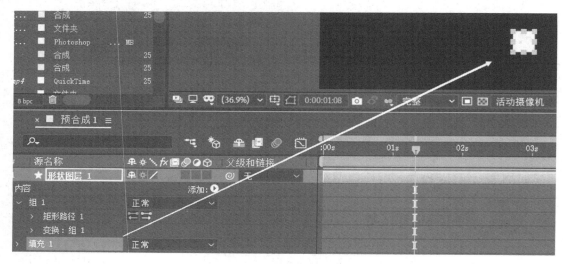，在弹出的菜单中选择"填充"命令，然后填充白色，如图5-13所示。

图5-13

步骤4　再次单击"内容"右侧的"添加"三角按钮，在弹出的菜单中选择"中继器"命令，展开"中继器1"，再展开"变换：中继器1"，修改"变换：中继器1"属性，如图5-14所示。

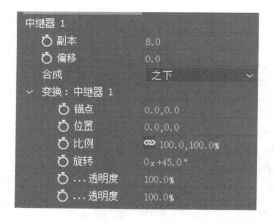

图5-14

步骤5　展开"组1"，调整"位置"中的y轴数值，效果如图5-15所示。

步骤6　按Home键回到第1帧，单击"组1"中"矩形路径1"的"大小"，以及"变换：组1"的"位置"和"比例"这3个属性的"时间变化秒表"图标，使其高亮显示，如图5-16所示。

步骤7　调整以上3个属性，自动生成关键帧，其中，需要取消"矩形路径1"的"大小"属性右侧的链接标志，如图5-17所示。

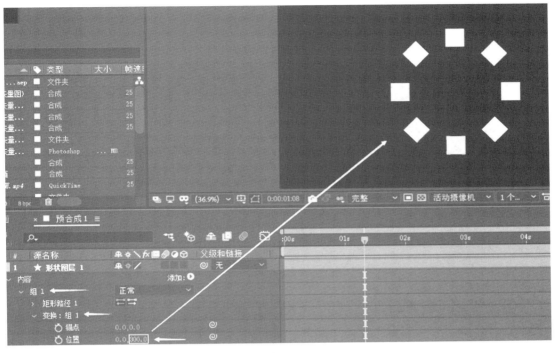

图5-15

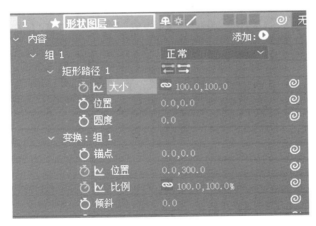

图5-16

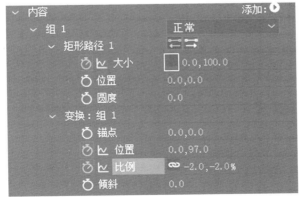

图5-17

步骤8　分别在"00:00:01:24""00:00:02:19""00:00:03:10"这3处修改关键帧参数，自动生成关键帧，如图5-18~图5-20所示。

图5-18

图5-19

图5-20

5.4 进一步动画处理

提示 下面对图层进行处理。

步骤1　双击进入"预合成1"，选中制作完成的放射形状图层，按R键将其中的对象旋转24°，如图5-21所示。

步骤2　回到"标志动画"，在"时间轴"面板的"图层"列中选中"小球动画"，在"00:00:01:08"处为"蒙版路径"设置静止帧，如图5-22所示。

提示 在"时间轴"面板的"图层"列中选中"小球动画"，展开"蒙版"→"蒙版1"，在"蒙版路径"左侧有一个静止帧图标 ◀☑▶，单击即可创建静止帧。

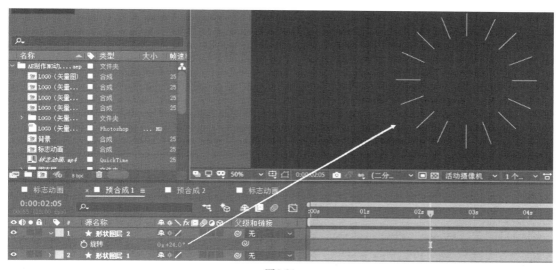

图5-21

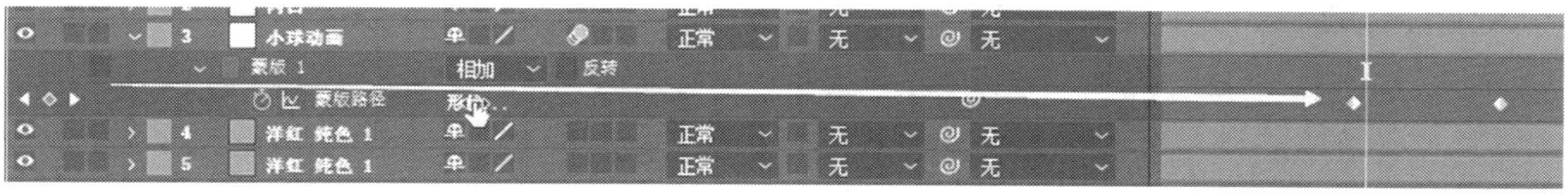

图5-22

步骤3　制作变形动画。在"小球动画"的"蒙版1"属性中单击"形状"，弹出如图5-23所示的"蒙版形状"对话框，将"形状"重置为"矩形"，单击"确定"按钮，矩形效果如图5-24所示。

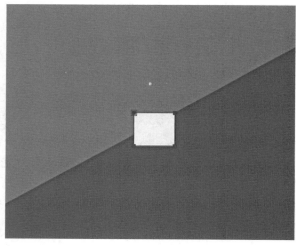

图5-23　　　　　　　　　　　　　　　　　　图5-24

步骤4　将当前时间指示器移动至"0:00:02:03"，双击可编辑点（即图5-24白色矩形四周的深绿色控制点），将矩形拖动扩大至图5-25所示的效果，此时会自动创建动画关键帧。

步骤5　小球变成矩形的动画效果如图5-26所示。

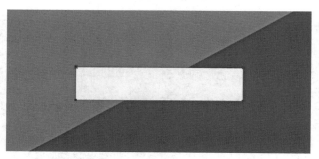

图5-25

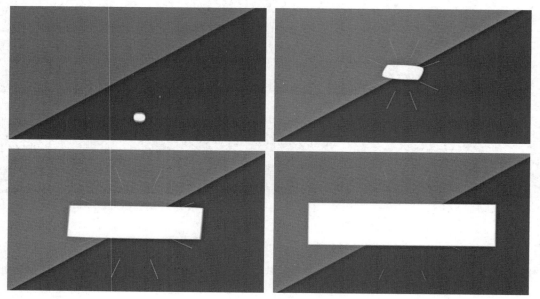

图5-26

步骤6 选中图层，按S键展开"缩放"属性，拖动蓝色数字，将"小球动画"图层整体缩小到放射线的内部，打开"运动模糊"开关 ，效果如图5-27和图5-28所示。

图5-27

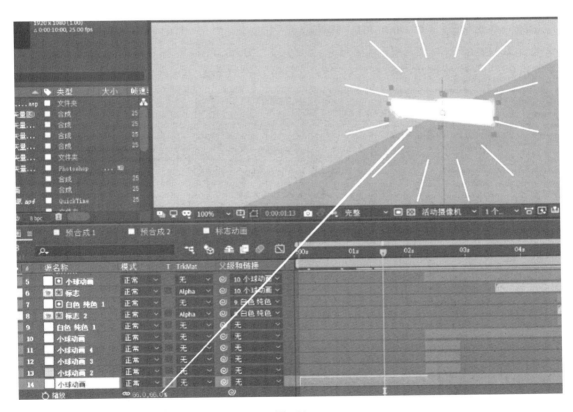

图5-28

提示 下面进一步对图层动画进行处理。

步骤7 按Ctrl+Y组合键新建纯色图层，选择白色，将该图层重命名为"方块动画"。

步骤8 选择"方块动画"纯色图层，使用"矩形工具" ▣ 创建图层蒙版，效果如图5-29所示。

步骤9 将"方块动画"图层复制3次，得到图层"方块动画2""方块动画3""方块动画4"，如图5-30所示。

步骤10 分别选中复制的"方块动画"纯色图层，再分别执行"效果"→"生成"→"填充"命令更改颜色。

> **提示** "方块动画2"为淡红色，"方块动画3"为淡蓝色，"方块动画4"为淡绿色，如图5-31所示。

步骤11 全选"方块动画2""方块动画3""方块动画4"3个图层，按P键在"位置"处单击"时间变化秒表"图标 ⏱ 设置关键帧（时间"0:00:02:04"处），分别为这3个图层制作位移动画。具体为："方块动画2"（淡红色方块）在"0:00:02:04"处设置时间静止帧 ◈ ，在"0:00:02:11"帧处修改"位置"为"1012.0, 640.0"（即白色方块的位置），移动后自动添加关键帧；"方块动画3"（淡蓝色方块）在时间"0:00:02:10"处设置时间静止帧 ◈ ，在"0:00:02:14"帧处修改"位置"为"1012.0, 640.0"（即白色方块的位置）；"方块动画4"（淡绿色方块）在"0:00:02:13"处设置时间静止帧 ◈ ，在"0:00:02:20"帧处修改"位置"为"1012.0, 640.0"（即白色方块的位置）。

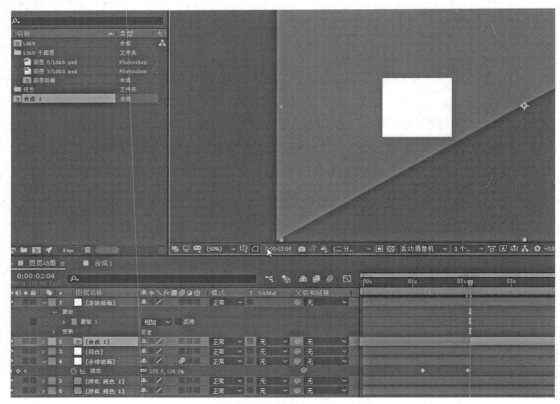

图5-29

		10	方块动画 4	正常	∨		无	∨	◎	无	∨
		11	方块动画 3	正常	∨		无	∨	◎	无	∨
		12	方块动画 2	正常	∨		无	∨	◎	无	∨
		13	方块动画	正常	∨		无	∨	◎	无	∨

图5-30

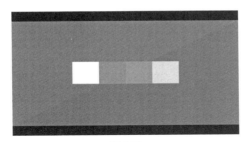

图5-31

步骤12　全选"位移"关键帧，按F9键启动"缓动"特效，并对3个图层都开启"运动模糊"开关，然后选中这3个图层，在"00:00:02:06"处按Alt+[组合键更改入点，在"00:00:02:27"处按Alt+]组合键设置出点，如图5-32所示。

图5-32

步骤13　选择白色的"方块动画"纯色图层，展开图层属性并找到"蒙版路径"属性，再次制作变形动画，效果如图5-33所示，方块具有折角效果。

步骤14　打开"方块动画"图层的"蒙版属性"路径的"时间变化秒表"。使用"添加'顶点'工具"增加方块的可编辑点数量，如图5-34所示，左、右各3个可编辑点，共6个可编辑点。

步骤15　将当前时间指示器移动至"0:00:03:08"，使用"转换'顶点'工具"拖动左上角的顶点，效果如图5-35所示。

图5-33

图5-34

图5-35

步骤16　将当前时间指示器移动至"0:00:03:13"，在"方块动画"图层的"蒙版1"属性设置中，单击"蒙版路径"中的"形状"，打开"蒙版形状"对话框，将"形状"重置为"矩形"，如图5-36所示，单击"确定"按钮。

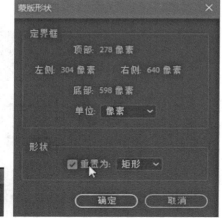

图5-36

步骤17　在选中"方块动画"图层的情况下，按Y键使用"向后平移（锚点）工具"  将锚点移动到方块的右上角，效果如图5-37所示。

步骤18　将当前时间指示器移动至"00:00:02:22"，制作透明圆环动画。在"时间轴"面板"图层"列的空白处右击，在弹出的菜单中选择"新建"→"形状图层"命令，如图5-38所示。

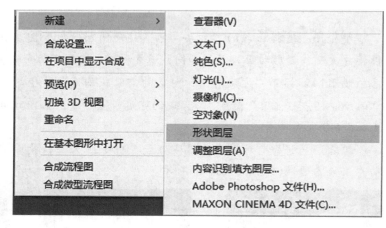

图5-37　　　　　　　　　　　　　　　　　　　图5-38

步骤19　展开"形状图层1"的属性，单击"添加"右侧的三角按钮，在弹出的菜单（如图5-39所示）中选择"描边"命令，再次单击"添加"右侧的三角按钮，在弹出的菜单中选择"椭圆"命令。

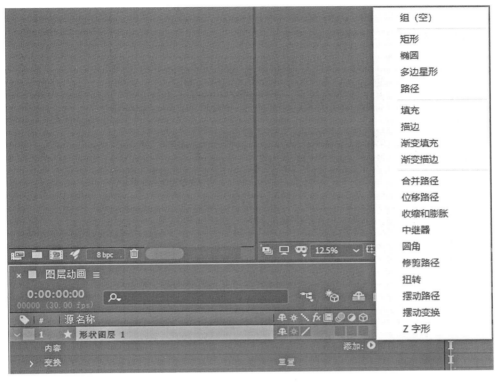

图5-39

步骤20　将圆环移动到白色方块的中心，如图5-40所示。

步骤21　为"椭圆"的"缩放"属性、"描边"的"不透明度"和"描边宽度"属性打开"时间变化秒表" 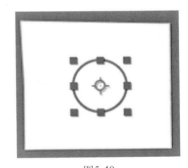，在"0:00:02:22"处设置关键帧。设置"不透明度"为"70%"、"描边宽度"为"16.0"，参数设置如图5-41所示。

图5-40

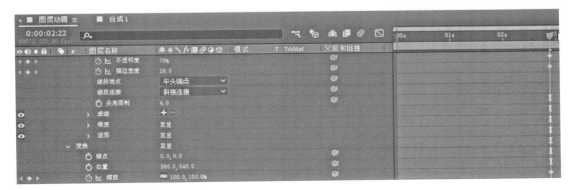

图5-41

步骤22　将当前时间指示器移动至"0:00:03:05"，设置"缩放"为"471.0, 471.0%"，"描边宽度"为"17.0"，如图5-42所示。

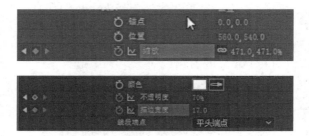

图5-42

步骤23　将当前时间指示器移动至"0:00:03:10"，设置"描边宽度"为"0.0"，如图5-43所示，效果如图5-44所示。

图5-43

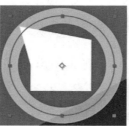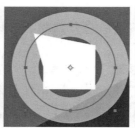

图5-44

5.5　Photoshop图层及动画处理

提示　下面在After Effects中导入Photoshop素材文件。

步骤1　按Ctrl+I组合键，打开"导入文件"对话框，在"第5章"文件夹中选中文件"LOGO.psd"，然后将"导入为"设置为"素材"，单击"导入"按钮，如图5-45所示。

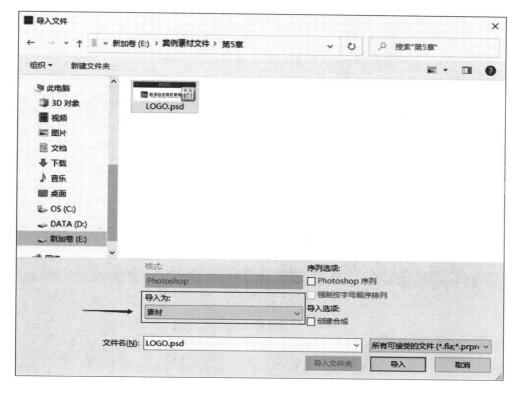

图5-45

步骤2　打开"LOGO.psd"对话框,在"图层选项"区域中单击"选择图层"单选按钮,并选择"图层0"选项,再单击"忽略图层样式"单选按钮,如图5-46所示,单击"确定"按钮。

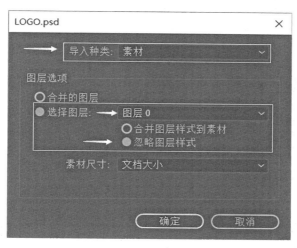

图5-46

步骤3　在"时间轴"面板的"图层"列中选择"图层0",设置"缩放"为"50.0,50.0%",如图5-47所示。

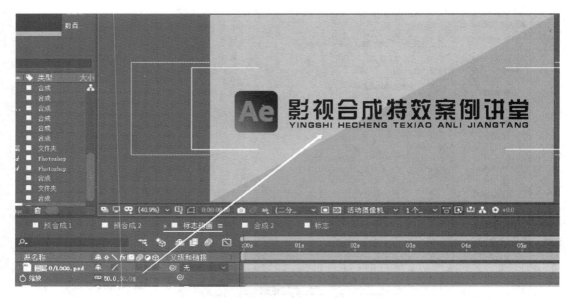

图5-47

 提示　　下面对Photoshop图层进行蒙版处理。

　　步骤4　选中"图层0"，使用"矩形工具"▉框选左侧的LOGO图标，使其生成一个蒙版，此时"图层0"的图层属性中会自动添加"蒙版1"，如图5-48所示。

图5-48

步骤5　按V键切换到“选取工具”，选中LOGO（图层0），按Y键切换为“向后平移（锚点）工具”，将锚点拖动到LOGO的右上角，再按V键切换到“选取工具”，效果如图5-49所示。

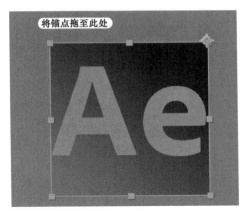

图5-49

提示

下面为Photoshop图层制作动画。

步骤6　选中“图层0”，将父子关系绑定到“方块动画”图层，为其“位置”和“旋转”属性制作动画。

步骤7　选中“图层0/LOGO.psd”图层，按R键调出“旋转”属性，按Shift+P组合键，调出“位置”属性，如图5-50所示。

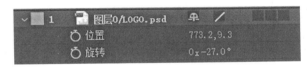

图5-50

步骤8　将LOGO拖动至如图5-51所示的位置，位于白色方块的左上角，打开“旋转”和“位置”属性的“时间变化秒表”。

步骤9　将当前时间指示器移动至“0:00:03:16”，设置“旋转”数值，如图5-52所示。

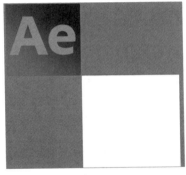

图5-51

图5-52

步骤10　将LOGO拖动到如图5-53所示的位置，位于白色方块的中间。

图5-53

步骤11　将当前时间指示器移动至"0:00:04:09"，设置"旋转"数值，如图5-54所示，效果如图5-55所示。

图5-54

图5-55

步骤12　在"项目"面板中导入"LOGO.psd"素材文件，使用"矩形工具"□框选LOGO右侧的文字，按Ctrl+Y组合键创建一个白色纯色图层，调整其中的对象至合适的大小，选中这两个对象，按Ctrl+Shift+C组合键创建一个预合成，如图5-56所示。

步骤13　选择"预合成2"，按P键展开"缩放"属性，为其制作位移动画，在此需要取消"缩放"属性中的链接标志，如图5-57所示。

图5-56

图5-57

步骤14　将当前时间指示器移动至"0:00:04:09"，利用"时间变化秒表"图标█为"缩放"设置关键帧，关闭其右侧的链接标志█，如图5-58所示。

步骤15　按Y键，将锚点移动至LOGO文字的左侧，效果如图5-59所示。

图5-58

图5-59

步骤16　设置"缩放"为"0.0,100.0%"，如图5-60所示，使文字LOGO呈现消失的效果。

图5-60

步骤17　将当前时间指示器移动至"0:00:05:08"，设置"缩放"为"100.0,100.0%"，使文字LOGO全部显示，回到"图层动画"合成，效果如图5-61所示。

图5-61

步骤18　新建一个白色纯色图层，为其制作与文字LOGO相同的动画。

步骤19　选中白色纯色图层，调出"缩放"（按S键）和"位置"（按Shift+P组合键）属性，关闭"缩放"属性右侧的链接标志█，将白色纯色图层调整为如图5-62所示的效果。

图5-62

步骤20　将当前时间指示器移动至"0:00:04:09"，设置"缩放"为"0.0, 100.0%"，如图5-63所示。

图5-63

步骤21　将当前时间指示器移动至"0:00:05:08"，将"缩放"数值改为原参数设置。

步骤22　将"预合成2"的"TrkMat"设置为"Alpha"，与新创建的白色纯色图层生成遮罩效果，如图5-64所示。

图5-64

步骤23　选择"文件"→"保存"菜单命令，保存项目。

第6章 蒙　版

在After Effects中，蒙版是用于改变图层特效和属性的路径，常用于修改图层的Alpha通道。蒙版包含线段和锚点：线段是连接两个锚点的直线或曲线，锚点则定义了每段路径的起点和终点。蒙版作为路径可以添加如音频波形、描边、填充、勾画等效果。有些效果可以同时应用到闭合路径和开放路径，例如涂抹（涂写）、描边、路径文本、音频波形、音频频谱及勾画等；而有些效果只能应用到闭合路径上，例如填充、改变形状、粒子运动场及内部/外部键等。

蒙版还可以作为特定对象的运动路径，例如文字、图形、灯光对象的路径等，可以是开放路径，也可以是闭合路径。开放路径有不同的起点和终点；闭合路径是连续并且无始无终的。闭合路径的蒙版可以为图层创建透明区域；开放路径的蒙版不能为图层创建透明区域，但可用于调整特效。

在After Effects中，可以绘制以下4种类型的蒙版。

- 矩形蒙版：也可以是正方形蒙版。
- 椭圆形蒙版：也可以是正圆形蒙版。
- 贝塞尔曲线蒙版：使用"钢笔工具"可以创建任意形状的贝塞尔曲线蒙版。
- 仿贝塞尔曲线蒙版：与贝塞尔曲线蒙版的区别是，仿贝塞尔曲线蒙版的切线手柄是通过自动计算得到的。

6.1 创建合成

步骤1　在After Effects中打开一个空白项目，将该项目另存为"遮罩的使用.aep"。

步骤2　导入"风景.mp4"和"上网.mp4"文件，在"导入文件"对话框中设置"导入为"为"素材"，如图6-1所示，单击"导入"按钮。

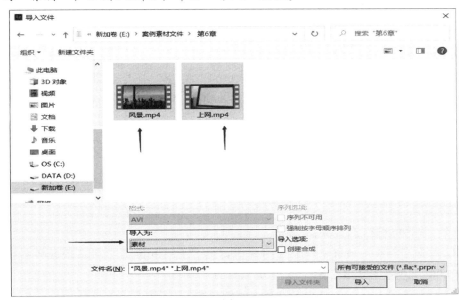

图6-1

> 📝 **提示**　下面对素材文件进行管理。

步骤3　选择"文件"→"新建"→"新建文件夹"菜单命令，或者单击"项目"面板底部的"新建文件夹"按钮，在"项目"面板中创建新文件夹。

步骤4　重命名该文件夹为"电影文件"，将两个素材文件拖动到文件夹"电影文件"中。

步骤5　展开文件夹，查看其中的文件，如图6-2所示。

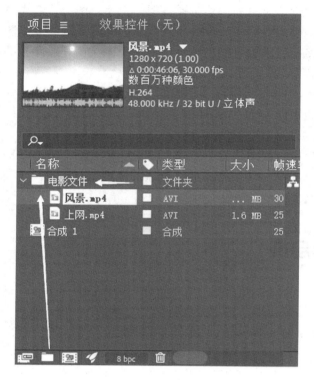

图6-2

步骤6　在"项目"面板中选择"上网.mp4"文件，将其拖动到该面板底部的"新建合成"按钮上，After Effects自动创建一个名为"上网"的合成，在"合成"面板和"时间轴"面板中将其打开。

6.2　创建蒙版

步骤1　按Home键，将时间归零。

步骤2　在"合成"面板中放大显示视图，使"上网.mp4"中的显示器屏幕几乎充满视图，可以使用"手形工具"对显示的内容进行复位。

步骤3　选择"工具"面板中的"钢笔工具"，创建直线或曲线线段，因为显示器屏幕看起来接近矩形，所以先创建直线线段。

步骤4 单击显示器屏幕的右上角，放置第1个锚点；再单击显示器屏幕的右下角，放置第2个锚点，After Effects将两个锚点连为一条线段。

步骤5 单击显示器屏幕的左下角，放置第3个锚点；再单击显示器屏幕的左上角，放置第4个锚点，如图6-3所示。

步骤6 将"钢笔工具" 移动到第1个锚点上（位于显示器屏幕的右上角），此时鼠标指针附近出现一个圆圈，表示可以创建封闭的蒙版形状。创建封闭的蒙版形状后，"合成"面板的显示效果如图6-4所示。

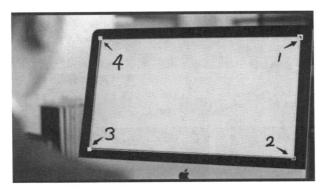

图6-3

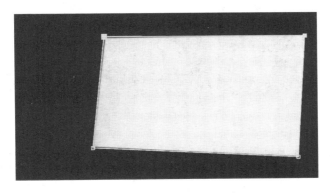

图6-4

6.3 编辑蒙版

蒙版的混合模式默认是"相加"模式，比较常用的也是"相加"模式。在"时间轴"面板中选中蒙版模式右侧的"反转"复选框，可以根据选区反向选择。

在图层中创建的第1个蒙版将与该图层的Alpha通道相互作用。若通道未将整个图像定义为不透明，则蒙版与图层的帧相互作用，所创建的其他蒙版都将与位于"时间轴"面板中其上方的蒙版相互作用。只可以在位于同一图层中的两个蒙版之间使用蒙版的模式。使用蒙版的模式可以创建具有多个透明区域的复杂的蒙版形状。

如图6-5所示为蒙版的原始状态，如图6-6~图6-9所示分别为蒙版的"相加""相减""交集""差集"模式。

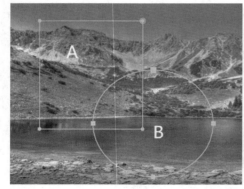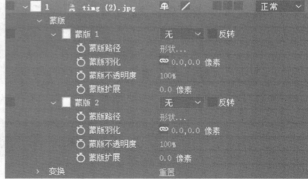

图6-5

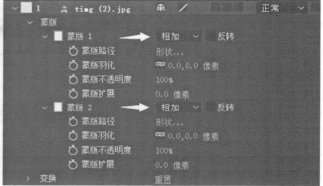

图6-6

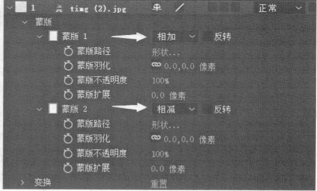

图6-7

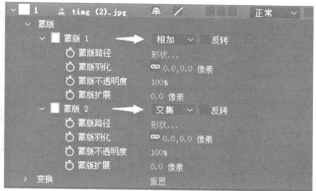

图6-8

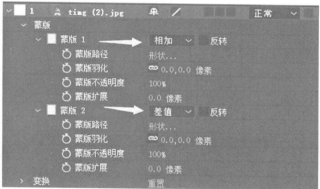

图6-9

"变亮"模式是采用所有蒙版中最高的透明度显示蒙版中的内容；"变暗"模式是采用所有蒙版中最低的透明度显示蒙版中的内容。如图6-10和图6-11所示。

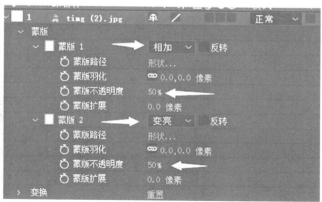

图6-10

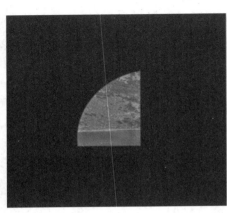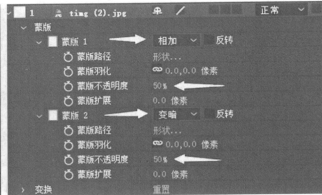

图6-11

提示 下面更改蒙版的模式。

步骤1 在"时间轴"面板中选中"上网.mp4"图层，按M键查看该蒙版的"蒙版路径"属性，如图6-12所示。

图6-12

提示 更改蒙版的模式为"相减"模式有两种方法，即从"蒙版路径"中选择"相减"模式，或选中"反转"复选框。

步骤2 选中"蒙版1"的"反转"复选框，如图6-13所示，蒙版被反相显示。

图6-13

步骤3　单击"时间轴"面板中的任意空白区域，取消选择"上网.mp4"图层。仔细观察视图中的显示器，可以发现在蒙版边缘仍显示出部分屏幕，如图6-14所示。

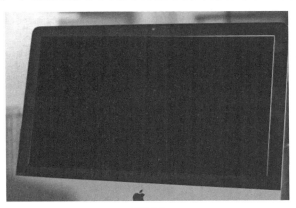

图6-14

 提示　这些疏漏会影响后面对该图层所进行的修改，在此需要将蒙版的直线改为曲线。

步骤4　在"时间轴"面板中选择"蒙版1"，即"上网.mp4"图层的蒙版，激活该蒙版并同时选中所有锚点。

步骤5　在"工具"面板中选择"转换'顶点'工具"　，在"合成"面板中使用"转换'顶点'工具"　拖动锚点，将路径的角点转换为平滑点，如图6-15所示。

图6-15

步骤6　在"工具"面板中选择"选取工具"　，单击"合成"面板中的任意空白区域，取消选择蒙版，然后单击之前创建的第1个锚点，从该点延展出两个方向手柄，这些方向手柄的角度和长度可以决定蒙版的形状，如图6-16所示。

步骤7　拖动第1个锚点的左方向手柄，注意拖动时蒙版形状的变化，定位到如图6-17所示的位置即可。

 提示　当第1个锚点的方向手柄距离另一个锚点越近时，该方向手柄对路径形状的影响就越小，而第2个锚点的方向手柄对它的影响就越大。下面分离方向手柄。

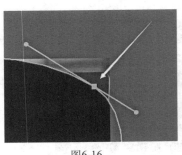

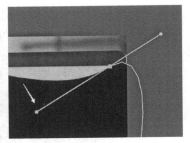

图6-16   图6-17

步骤8　在"选取工具"仍处于激活状态时，按Ctrl键暂时切换到"转换'顶点'工具"，按住Ctrl键拖动第3个锚点的左（上）方向手柄（左下角显示器屏幕的边缘处），如图6-18所示。

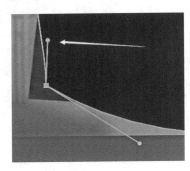

图6-18

步骤9　调整第3个锚点的左（上）方向手柄，直到蒙版形状的顶部线段与该处显示器的曲线吻合为止；拖动上一个锚点的左（上）方向手柄，直到蒙版的左端与该处显示器的曲线吻合为止。

步骤10　对蒙版的其他3个锚点重复上述操作，直到蒙版的形状与显示器的曲线吻合为止，如图6-19所示。

步骤11　完成操作后取消选择"上网.mp4"图层，检查蒙版的边缘，如图6-20所示。

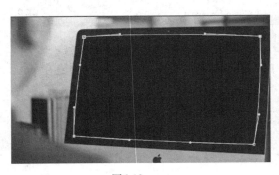

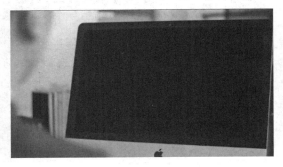

图6-19   图6-20

提示　　　下面羽化蒙版的边缘。

步骤12 选择"合成"→"合成设置"菜单命令，打开图6-21所示的对话框。

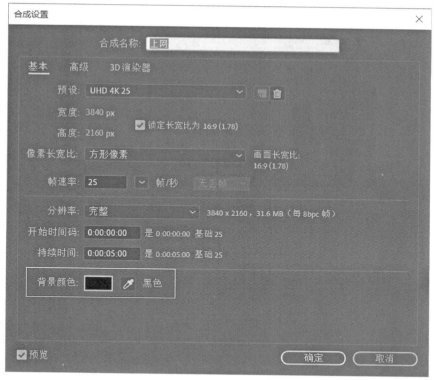

图6-21

步骤13 单击"背景颜色"色块■■，调出"背景颜色"对话框，选择白色作为背景色（RGB=255，255，255），效果如图6-22所示。

图6-22

步骤14 在"时间轴"面板中选择"上网.mp4"图层，按F键显示蒙版的"蒙版羽化"属性，如图6-23所示。

图6-23

步骤15　将"蒙版羽化"设置为"20, 20"像素，效果如图6-24所示。

图6-24

6.4　添加蒙版中的内容

　提示　　下面在"时间轴"面板中添加素材。

步骤1　在"项目"面板中选择"风景.mp4"文件，将其拖动到"时间轴"面板，放置于"上网.mp4"图层的下方，如图6-25所示。

步骤2　使用"选取工具"█拖动"风景.mp4"图层，直到轴点位于显示器屏幕的中央为止，如图6-26所示。

图6-25

图6-26

提示 　新添加的视频素材相对于显示器屏幕而言显得太小了，需要调整尺寸，可以利用3D图层更大限度地控制图像的形状和尺寸。

步骤3　在"时间轴"面板中选择"风景.mp4"图层，并打开该图层的3D开关，如图6-27所示，此时"合成"面板中显示出三维坐标系，如图6-28所示。

图6-27

图6-28

步骤4　按P键显示图层"风景.mp4"的"位置"属性，如图6-29所示。

图6-29

提示 　3D图层的"位置"属性有3个数值，从左到右分别表示图像的x轴、y轴和z轴。在"合成"面板中可以看到这些轴所表示的含义。

步骤5　在"合成"面板中，将鼠标指针置于红色箭头之上，此时出现一个小"x"标志，用于控制该图层的x（水平）轴。可以向左或向右拖动素材，使其在水平方向上位于显示器屏幕的中央。

步骤6　在"合成"面板中，将鼠标指针置于绿色箭头之上，此时出现一个小"y"标志，用于控制该图层的y（垂直）轴。可以向上或向下拖动素材，使其在垂直方向上位于显示器屏幕的中央。

步骤7　在"合成"面板中，将鼠标指针置于红色箭头与绿色箭头交点处的蓝色立方体之上，此时出现一个小"z"图标，用于控制该图层的z（景深）轴。可以拖动素材，增加其在显示器屏幕中的景深。

步骤8　继续拖动x、y和z轴，直到整个素材充满显示器屏幕为止，如图6-30所示，此时x、y和z的数值约为"2110.0""1062.0""−3150.0"，如图6-31所示。

图6-30

图6-31

 提示　　下面旋转素材。

步骤9　在"时间轴"面板中选择"风景.mp4"图层，按R键显示其旋转属性。

步骤10　设置"Y轴旋转"数值，旋转该图层，使其与显示器的透视关系相匹配；设置"Z轴旋转"数值，使该图层与显示器对齐，如图6-32所示，效果如图6-33所示。

图6-32

图6-33

6.5 创建虚光照效果

步骤1　新建一个纯色图层，打开"纯色设置"对话框，将该图层命名为"虚光照"，单击"制作合成大小"按钮，设置"颜色"为黑色（RGB=0，0，0），如图6-34所示，单击"确定"按钮，"时间轴"面板如图6-35所示。

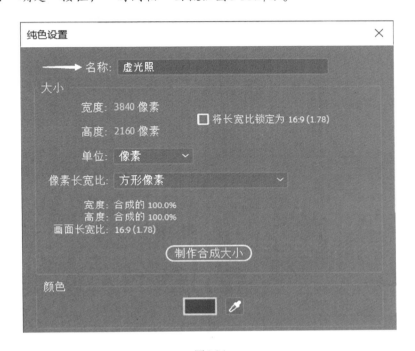

图6-34

图6-35

提示　除"钢笔工具" 外，After Effects还提供其他一些工具用于创建矩形蒙版和椭圆形蒙版。

步骤2　在"工具"面板中，按住"矩形工具" 不放，展开该工具列表，如图6-36所示，选择"椭圆工具" 。

步骤3　单击创建一个填充的椭圆形状，如图6-37所示。

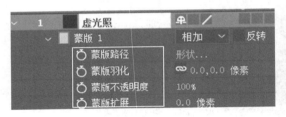

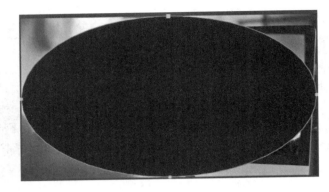

图6-36 　　　　　　　　　　　　　　　　　　图6-37

步骤4　在"时间轴"面板中选择"虚光照"图层，按两次M键，显示该图层的所有蒙版属性，如图6-38所示。

步骤5　在"蒙版1"的"相加"下拉列表中选择"相减"选项。

步骤6　设置"蒙版羽化"为"1000.0，1000.0像素"，如图6-39所示，效果如图6-40所示。

图6-38 　　　　　　　　　　　　　　　　图6-39

图6-40

提示　　即使设置了较大的羽化值，虚光照效果仍显得有些生硬，并且作用范围太小。可以通过调整"蒙版扩展"属性，使合成形成更大的羽化空间。"蒙版扩展"属性表示原来蒙版边缘的扩展量或收缩量，单位为"像素"。

步骤7 设置"蒙版扩展"为"350.0像素",如图6-41所示,效果如图6-42所示。

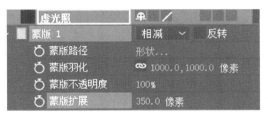

图6-41

图6-42

步骤8 关闭"虚光照"图层的所有属性,保存项目。

6.6 调整颜色

提示　　现在画面效果看起来不错,但还有一个问题需要校正——"上网.mp4"图层中的颜色很单调。如果将它变为暖色调,会使画面显得更加生动。

步骤1 在"时间轴"面板中选择"上网.mp4"图层。

步骤2 选择"效果"→"颜色校正"→"自动色阶"菜单命令,效果如图6-43所示。

提示　　"自动色阶"特效用于调整画面中的高光和阴影效果。利用"自动色阶"特效,可以将每个颜色通道中最亮和最暗的像素定义为白色和黑色,然后按比例重新分布最亮和最暗像素之间的像素值。
　　　　"自动色阶"特效单独调整每个颜色通道,因此,它可能消除或引入色偏。那么为什么要应用这一特效呢?因为有时摄像机的某个颜色通道会使图像偏冷(偏蓝)或偏暖(偏红),"自动色阶"特效为每个通道设置白色和黑色像素,可以使最终效果看起来更自然。

图6-43

步骤3　选择"文件"→"保存"菜单命令，保存项目。

提示　　本例使用各种蒙版工具隐藏、显示和调整合成，以创建风格化的嵌入画面。在After Effects中，蒙版功能的使用频率可能仅次于关键帧。

配套文件

第7章 抠　　像

"抠像"一词源于早期的电视制作，英文为"Key"，是指吸取画面中的某一种颜色作为透明色，将它从画面中抠去，从而使背景透出来，形成两层画面的叠加合成效果。由于抠像的这种神奇功能，使其成为电视制作的常用技巧。在早期的电视制作中，抠像需要昂贵的硬件支持，并且对拍摄的背景要求很高，要在特定的蓝色背景下拍摄，对光线的要求也很严格。

在After Effects CC 2020中，"抠像"是指利用图像中的某种颜色值或亮度值定义透明区域。输入相应的值之后，所有颜色或亮度相似的像素会变成透明的。利用"抠像"技术，可以很容易地使用另一幅图像替换与其颜色或亮度一致的图像的背景。当对象太复杂而不适合使用蒙版时，这种技术特别有用。将纯色背景抠出的技术通常被称为"蓝屏"或"绿屏"，但并不是一定要使用蓝色或绿色，可以使用任意一种纯色作为背景。

7.1 创建合成

步骤1　在After Effects中打开一个空白项目，选择"文件"→"导入"→"文件"菜单命令，或者按Ctrl+I组合键。

步骤2　打开"导入文件"对话框，选择"第7章"文件夹中的文件"背景.mp4"和"绿屏.mp4"，在"导入为"下拉列表中选择"素材"选项，如图7-1所示，单击"导入"按钮，"背景.mp4"和"绿屏.mp4"两个素材文件被导入"项目"面板中。

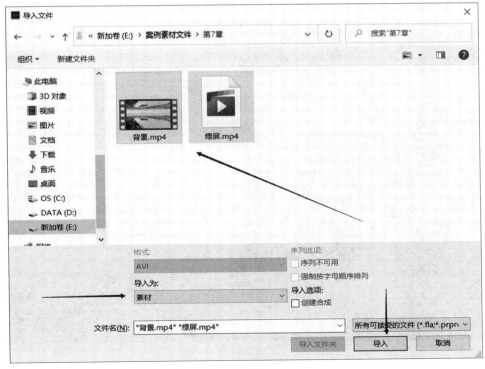

图7-1

提示　下面对素材文件进行管理。

步骤3　选择"文件"→"新建"→"新建文件夹"菜单命令，或者单击"项目"面板底部的"新建文件夹"按钮，在"项目"面板中创建新文件夹。

步骤4　将文件夹重命名为"电影文件"，将两个素材文件拖动到"电影文件"文件夹中，展开文件夹，查看其中的文件，如图7-2所示。

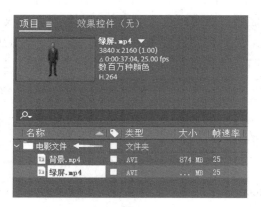

图7-2

步骤5　在"项目"面板中选择"绿屏.mp4"文件，将其拖动到该面板底部的"新建合成"按钮上。After Effects自动创建一个名为"绿屏.mp4"的合成，并在"合成"面板和"时间轴"面板中将其打开，如图7-3所示。

图7-3

提示 需要注意的是，通过该方法创建的合成具有与该素材相同的宽度、高度、像素长宽比、帧速率和持续时间，如图7-4所示。

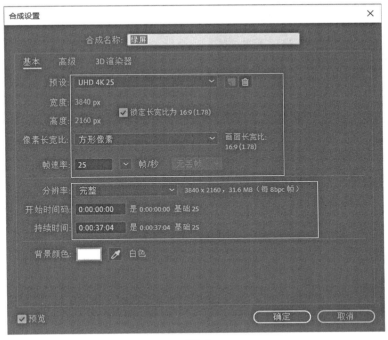

图7-4

提示 After Effects的默认背景颜色是黑色或白色，在该背景颜色下是难以看清抠像处理时的问题的。在此，先将背景颜色改为黑色或白色以外的其他颜色，本例使用橙色。下面更改背景颜色。

步骤6 打开"合成设置"对话框，单击"背景颜色"右侧的色块■■，将其设置为橙色（RGB=255，200，0），将"绿屏.mp4"图层暂时隐藏，显示效果如图7-5所示。

步骤7 查看完毕，将"绿屏.mp4"图层重新显示。

提示 这是一个简单的绿色背景影片。沿时间标尺拖动当前时间指示器，手动预览该影片，人物的移动幅度不大。After Effects进行抠像处理时会对整帧进行分析，需要分析的区域越大，色彩的变化越多，越可能无法消除背景色。

但是，可以降低这种风险。在为图层创建遮罩时，人物的运动幅度需要放松。如果前景中的主体在运动，就需要在遮罩中预留足够的运动空间。

针对合成可以创建的遮罩数目没有限制。一些复杂的影片常用多个遮罩隔离四肢、面部、头发或场景中的不同主体。素材视频中的人物有一系列动作，所有主体（人物）要选择得尽量大一些。

下面创建遮罩。

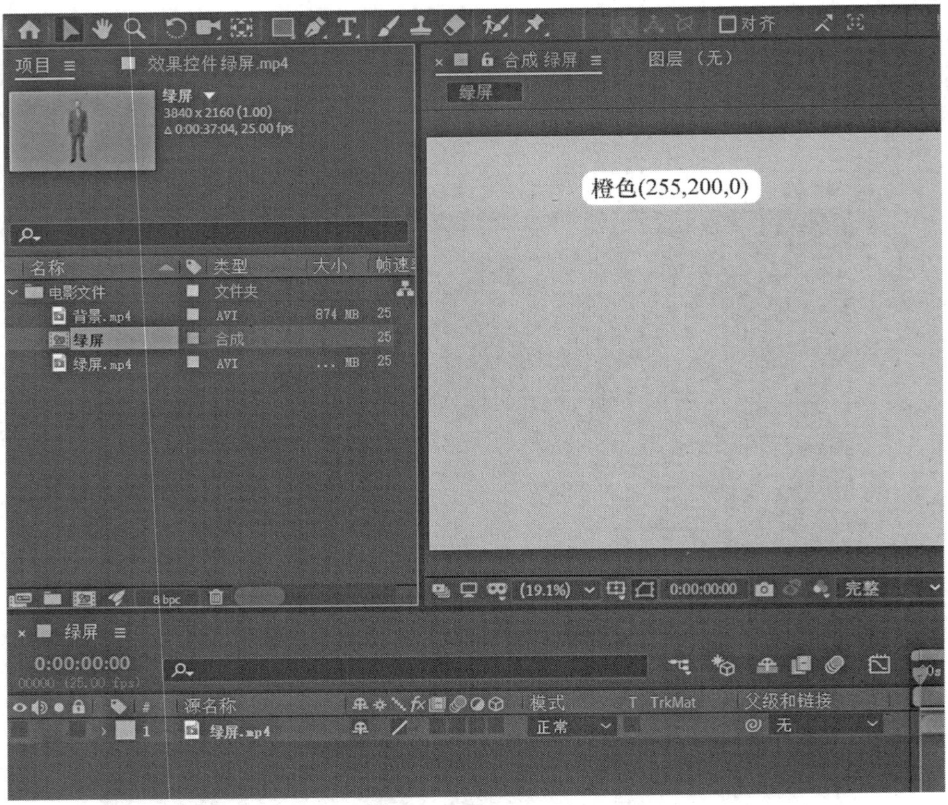

图7-5

步骤8　按Home键，将时间归零。

步骤9　选择"工具"面板中的"钢笔工具"，在人物的四周单击以放置锚点，直到将他完全包围为止，如图7-6所示。

图7-6

步骤10　为了使遮罩不太局促，可以沿时间标尺拖动当前时间指示器，以确保人物不会被移出遮罩区域。如果被移出遮罩区域，可以使用"选取工具"调整遮罩锚点。

7.2 应用"颜色差值键"

After Effects自带许多抠像特效，在"效果"→"抠像"菜单中可以看到，如图7-7所示。

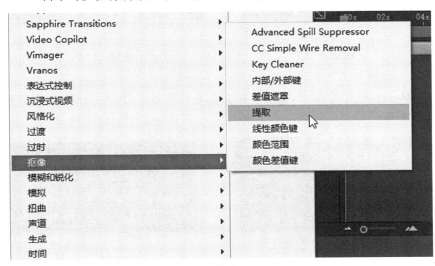

图7-7

其中，"颜色差值键"将图像分为"蒙版区A"和"蒙版区B"，从相反的起点创建透明区域。"蒙版区B"使指定的抠像颜色区域透明，"蒙版区A"则使不包含相反色的图像区域透明。通过将这两个蒙版区组合为第3个蒙版（Alpha蒙版），"颜色差值键"可以创建出符合需求的透明像素值。

步骤1　在"时间轴"面板中选择"绿屏.mp4"图层，然后选择"效果"→"抠像"→"颜色差值键"菜单命令。

步骤2　在"效果控件"面板中单击"主色"，使用吸管（位于"主色"右侧）吸取该面板顶部左缩览图中的绿色背景色，如图7-8所示。

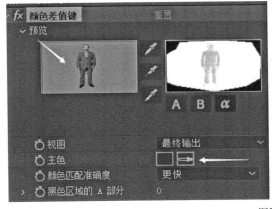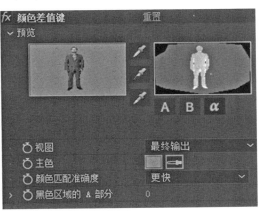

图7-8

步骤3　单击右缩览图下方的 A 按钮，查看"蒙版区A"，如图7-9所示。

步骤4　选择黑色吸管 ，如图7-10所示。

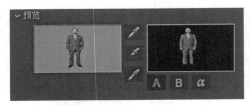

图7-9

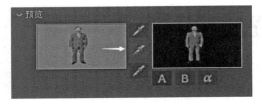

图7-10

步骤5　单击"蒙版区A"缩览图中未被抠出的最亮的背景区域，它大概位于人物头像顶部的附近，如图7-11所示。

步骤6　单击右缩览图下方的 **B** 按钮，查看"蒙版区 B"，该图与"蒙版区A"反相，如图7-12所示。

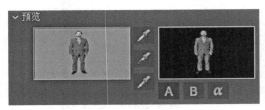

图7-11

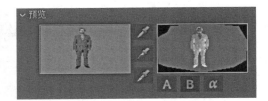

图7-12

步骤7　再次使用黑色吸管 ，单击"蒙版区B"缩览图中背景剩余部分的最亮区域（靠近人物底部），去除背景所有的残留痕迹，如图7-13所示。

步骤8　单击右缩览图下方的 **α** 按钮，如果这是一个干净的蒙版，那么人物应该完全是白色的，如图7-14所示。

图7-13

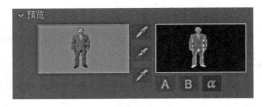

图7-14

步骤9　在"效果控件"面板中，设置"黑色遮罩"数值为"50"，"白色遮罩"数值为"60"，如图7-15所示。

图7-15

> **提示**
>
> 可以通过调整"黑色遮罩"和"白色遮罩"数值，清理图像的Alpha通道。
> 利用合成的橙色（或透明）背景，很容易看清残留的任何绿色区域，但人物图像区域中可能存在的"噪点"却仍难以发现。为了仔细检查抠像，可以切换到Alpha通道视图，查看最终蒙版效果。

步骤10 在"合成"面板底部单击"显示通道及色彩管理设置"按钮🔳，在弹出的下拉列表中选择"Alpha"选项（如图7-16所示），或者按住Alt键单击"显示通道及色彩管理设置"按钮🔳，此时"合成"面板的显示效果如图7-17所示，可以看到抠像的黑、白蒙版。

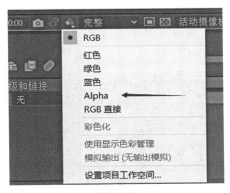

图7-16

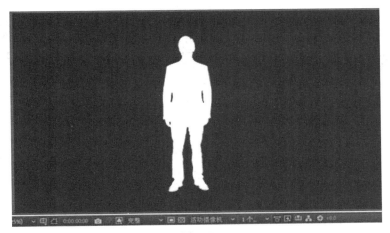

图7-17

提示
　　图中的黑色部分表示透明区域，白色部分表示不透明区域，Alpha通道中的灰色部分（人物周围的羽化边缘）是半透明区域。
　　要确保人物区域不存在黑色或灰色，按上述步骤操作可以得到较好的形状，不妨多试几次。

步骤11 设置完成，返回"RGB"视图，保存项目。

7.3 抑制溢出与调整色阶

提示
　　在前面操作中，利用"颜色差值键"仅去除了素材中的颜色，人物的边缘仍有些多余的杂边。为了进一步净化蒙版的边缘，需要调整（或收缩）蒙版。

步骤1 在"时间轴"面板中选择"绿屏.mp4"图层，然后选择"效果"→"遮罩"→"遮罩阻塞工具"菜单命令。

步骤2 在"效果控件"面板中，设置"几何柔和度 2"为"4.00"，使人物的边缘产生轻微的模糊效果，如图7-18所示。

步骤3 单击"合成"面板底部的显示通道及"显示通道及色彩管理设置"按钮，在弹出的下拉列表中选择"Alpha"选项以检查该蒙版，切换到"RGB"视图。

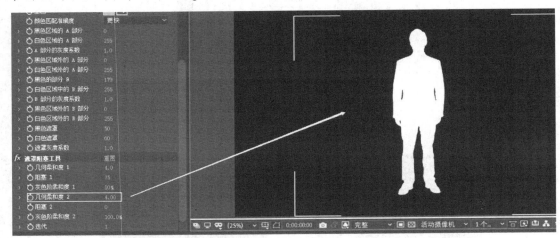

图7-18

提示 仔细观察人物的头发会发现有绿色的高光，这是绿色光线从背景反射到人物身上造成的。使用"溢出抑制"特效，可以清除绿色的高光及人物周围多余的绿色杂边。"溢出抑制"特效用于清除从蒙版边缘溢出的抠像色，实际上是一种简单的去色滤镜。

步骤4 在"时间轴"面板中选择"绿屏.mp4"图层，然后选择"效果"→"过时"→"溢出抑制"菜单命令，"效果控件"面板如图7-19所示。

图7-19

提示 如果暂时关闭"颜色差值键"特效，可以使溢出色的选择更方便。

步骤5 在"效果控件"面板的上方单击"颜色差值键"特效的隐藏/显示图标，将其关闭。

步骤6 在"效果控件"面板底部的"溢出抑制"区域中选择"要抑制的颜色"吸管，然后单击人物头发附近的绿色区域，如图7-20所示。

步骤7 重新打开"颜色差值键"特效，此时人物头发周围多余的绿色部分已经消失，前后效果对比如图7-21所示。

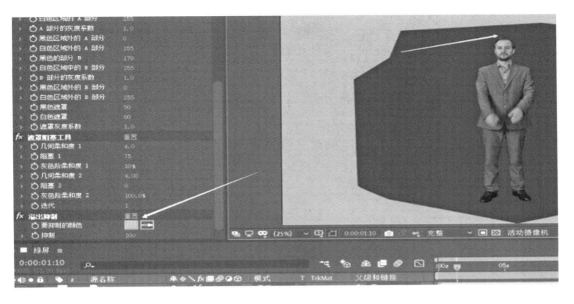

图7-20

图7-21

 提示　"色阶"特效用于将图像中输入色阶的范围重新映射到新的输出色阶的范围，并修改伽马校正曲线，适合图像质量的基础调整。下面对图像的对比度进行调整。

　　步骤8　在"时间轴"面板中选择"绿屏.mp4"图层，然后选择"效果"→"颜色校正"→"色阶"菜单命令，"效果控件"面板如图7-22所示。

　　步骤9　在"效果控件"面板的"色阶"区域中，设置"输入黑色"为"13.0"，"输入白色"为"225.0"，如图7-23所示。

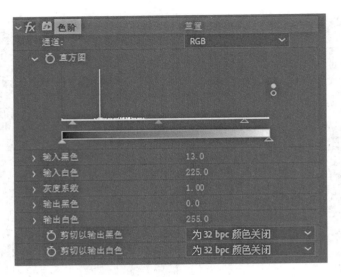

图7-22

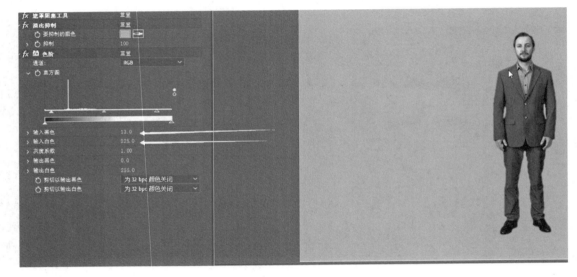

图7-23

7.4 添加背景动画与字幕

提示　下面在合成中添加背景动画。

步骤1　按Home键，将时间归零。

步骤2　将"项目"面板移动到最前面，将"背景.mp4"文件从"项目"面板拖动到"时间轴"面板中，将它置于图层的最底部，如图7-24所示。

图7-24

提示　　按数字键盘上的0键以内存预览方式预览合成，可以发现人物的周围仍然有些不自然的锯齿状效果。当使用的素材取自数码摄像机时，有可能会出现这样的锯齿状效果。下面添加字幕。

步骤3　按Home键，将当前时间归零。

步骤4　在"工具"面板中选择"横排文字工具" T ，选择"窗口"→"字符"菜单命令，或者按Ctrl+6组合键打开"字符"面板，在"字符"面板中设置参数，如图7-25所示。

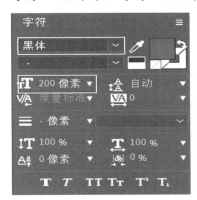

图7-25

步骤5　在"合成"面板中人物的右侧单击，输入文字"中国风光"，如图7-26所示。

图7-26

提示　　下面设置文字的格式。

步骤6　在"时间轴"面板中双击该文字图层的名称以选中所有文字，在"字符"面板中进一步设置参数，如图7-27所示。

图7-27

步骤7 在"字符"面板中单击"仿粗体"按钮 **T** 和"仿斜体"按钮 **T**，如图7-28所示。

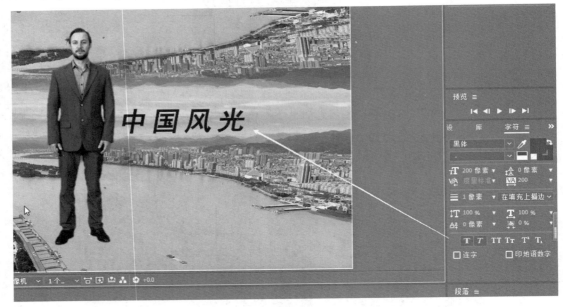

图7-28

提示　定位文字时，始终要确认文字处于屏幕中的字幕安全区。对于观看电视的人来说，这一区域是可见区域。为了检查字幕的位置，可以打开字幕安全参考线。

步骤8 单击"合成"面板底部的"选择网格和参考线选项"按钮 **▦**，在下拉列表中选择"标题/动作安全"及"参考线"选项，如图7-29所示。

步骤9 使用"选取工具" **▶** 拖动"合成"面板中的文字图层，将其重新定位到字幕安全区中，如图7-30所示。

图7-29

图7-30

提示　　下面为文字添加投影。

步骤10　确认"时间轴"面板中的"中国风光"文字图层被选中，选择"效果"→"透视"→"投影"菜单命令，参数设置如图7-31所示，最终效果如图7-32所示。

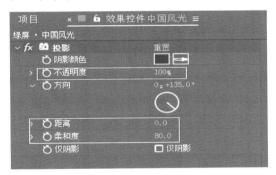

图7-31

配套文件

图7-32

第8章 颜色校正

颜色信息是通过数字进行传递的。因为不同的设备使用不同的方法记录和显示颜色，所以相同的数字可能会有不同的解释并且显示为不同的颜色。颜色管理系统跟踪所有这些解释颜色的不同方法并在它们之间进行转换，以便使图像颜色看起来是相同的。

"颜色校正"是指改变或调整图像的颜色，优化源素材，将观者的注意力吸引到图像中的关键元素上，校正白平衡和曝光中的错误，以确保不同图像之间颜色一致，或者为所需要的特殊视觉效果创建调色板。

颜色校正是影视作品调色的基本前提，也是影视作品拍摄的基本要求。在影视作品拍摄时要校正好摄像机、监视器的颜色，添加滤镜，使色彩还原准确，或者按导演、摄像师的要求拍摄出想要表现的画面颜色，这就需要调节摄像机的白平衡、黑平衡、伽马、色度、锐度、对比度等属性，选择所需灰度片、滤镜，在后期制作时通过调色软件校正颜色，为进一步调整颜色作准备。

在After Effects中，"颜色校正"相关处理方式都与Photoshop有很多相似之处。不管是After Effects还是Photoshop，对于颜色校正而言，核心之处在于设计师对于颜色在画面全局中的把控和修改。

8.1 创建合成

步骤1　在After Effects中打开一个空白项目，将其另存为文件"色彩校正.aep"。

步骤2　选择"文件"→"导入"→"文件"菜单命令，或者按Ctrl+I组合键，打开"导入文件"对话框，选择"第8章"文件夹中的"视频.mov"和"白云.jpg"素材文件，在"导入为"下拉列表中选择"素材"选项，如图8-1所示，单击"导入"按钮，将其导入"项目"面板中。

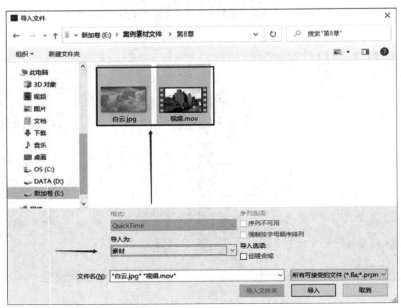

图8-1

步骤3　在"项目"面板中创建新文件夹，重命名该文件夹为"实拍素材"，将两个素材文件拖动到"实拍素材"文件夹中。

步骤4　展开"实拍素材"文件夹，以查看其中的文件，如图8-2所示。

图8-2

步骤5　在"项目"面板中选择"视频.mov"文件，将其拖动到该面板底部的"新建合成"按钮██上，创建合成并将其打开，如图8-3所示。

图8-3

步骤6　打开"合成设置"对话框，设置相关参数，如图8-4所示。

步骤7　将"视频"合成文件拖动到"项目"面板的空白处，移出"实拍素材"文件夹，如图8-5所示。

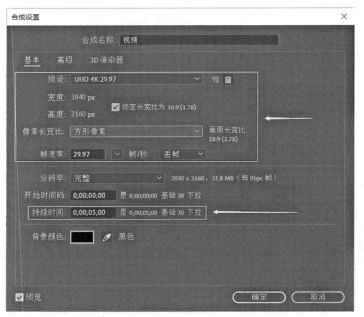

图8-4

图8-5

8.2 应用蒙版并调整色调

提示　　下面对水面应用蒙版。

步骤1　按Home键，将当前时间归零。

步骤2　在"时间轴"面板中选择"视频.mov"图层，单击面板中的"源名称"列标题，将其修改为"图层名称"，将"视频.mov"图层重命名为"湖面"，如图8-6所示。

图8-6

步骤3　选择"合成"→"合成设置"→菜单命令，在弹出的"合成设置"对话框中单击"背景颜色"右侧的色块▆，选择红色作为背景色（RGB=255，0，0），单击"确定"按钮。

提示 　下面使用"钢笔工具" 创建蒙版，以便较好地隔离该图层中的湖面区域。

　　步骤4　使用"钢笔工具" 隔离湖面区域：先设置若干锚点，然后单击第1个锚点，闭合蒙版。如图8-7所示为使用"钢笔工具" 绘制的路径，如图8-8所示为蒙版闭合后的效果。

图8-7

图8-8

 提示 　闭合蒙版后，图像的其他区域消失了，但这并非想要的结果，本例中图像的其他区域是场景的一部分。

　　步骤5　将"蒙版1"的模式从"相加"改为"无"，效果如图8-9所示。

　　步骤6　将"视频.mov"文件再次从"项目"面板中拖动到"时间轴"面板中，置于"湖面"图层的下方。

步骤7　将该图层重命名为"背景"，如图8-10所示。

图8-9

图8-10

步骤8　在"时间轴"面板中选择"湖面"图层，然后继续使用"钢笔工具" ![钢笔工具]为图像中的所有湖面区域创建蒙版。可以使用任意多个蒙版来隔离湖面，在此使用两个蒙版就可以了。使用"钢笔工具" ![钢笔工具]单击"合成"面板中的空白处，以确保蒙版包含图像底部到边缘的所有湖面。

步骤9　在"时间轴"面板中选择"湖面"图层，按F键显示该图层中各蒙版的"蒙版羽化"属性，如图8-11所示。

图8-11

步骤10　将"湖面"图层中"蒙版 1"和"蒙版 2"的"蒙版羽化"均设置为"100.0，100.0像素"，柔化蒙版边缘，以免在应用"颜色平衡"特效时出现明显的处理痕迹，如图8-12所示。

图8-12

提示 下面进行变亮处理。

步骤11　选择"时间轴"面板中的"湖面"图层，再选择"效果"→"颜色校正"→"颜色平衡"菜单命令。

步骤12　在"效果控件"面板中，设置"高光绿色平衡"为"30.0"，略微提高被蒙版的绿色区域的亮度，如图8-13所示。

图8-13

步骤13　选中"保持发光度"复选框，使图像的平均亮度不变，以保持图像整体色调的平衡，使色彩不失真，同时还能保证亮度的层次一致，如图8-14所示。

图8-14

步骤14　在"时间轴"面板中选择"湖面"图层，按U键隐藏其属性，以保持"时间轴"面板的整洁。

8.3　在图像中添加元素

步骤1　按Home键，将当前时间归零。

步骤2　将"视频.mov"文件再次从"项目"面板中拖动到"时间轴"面板中，置于图层堆栈的顶部。

步骤3　将"视频.mov"重命名为"天空"，如图8-15所示。

图8-15

> **提示**　下面添加云彩。

步骤4　将"白云.jpg"文件从"项目"面板中拖动到"时间轴"面板中，置于"天空"图层和"湖面"图层之间。

步骤5　单击"视频"的显示/隐藏图标 ◎，关闭"天空"图层的显示，此时可以完全看到"白云.jpg"图层，如图8-16所示，可以根据天空区域的大小缩放和定位云彩，"合成"面板中的显示效果如图8-17所示。

图8-16

步骤6　确认"时间轴"面板中的"白云.jpg"图层被选中，按U键隐藏其属性。

> **提示**　下面对云彩进行色彩校正。

步骤7　在"时间轴"面板中选择"白云.jpg"图层，然后选择"效果"→"颜色校正"→"自动色阶"菜单命令，效果如图8-18所示。

提示　　　"自动色阶"特效用于通过将各个颜色通道中的最亮和最暗像素定义为白色和黑色，自动设置高光和阴影，然后重新按比例调整图像中的中间像素值。因为"自动色阶"特效单独调整各个颜色通道，所以可能会消除或引入色偏。

图8-17

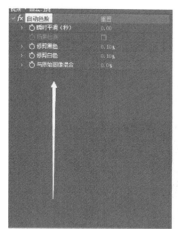

图8-18

提示　　　下面为天空设置蒙版。

步骤8　在"时间轴"面板中右击"图层名称"，在弹出的菜单中选择"列数"→"模式"命令，如图8-19所示。

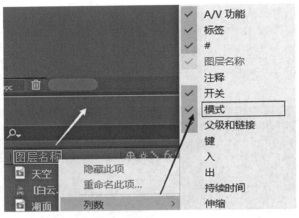

图8-19

步骤9 在"白云.jpg"图层的"轨道遮罩"列中选择"亮度遮罩'天空'",如图8-20所示,效果如图8-21所示。

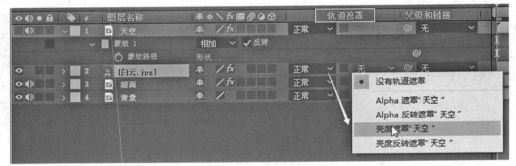

图8-20

 提示 利用这一操作可以删除天空中的明亮区域,创建一个"洞",使白云透过这个"洞"显示出来。

图8-21

提示　下面整理蒙版。

步骤10　在"时间轴"面板中单击"天空"图层的"视频"显示/隐藏图标 ◉，打开图层显示。

步骤11　在"时间轴"面板中选择"天空"图层，选择"效果"→"颜色校正"→"色相/饱和度"菜单命令，参数设置如图8-22所示。

图8-22

步骤12　确认"时间轴"面板中的"天空"图层仍处于选中状态，选择"效果"→"颜色校正"→"亮度和对比度"菜单命令，选中"使用旧版（支持HDR）"复选框，参数设置如图8-23所示。

图8-23

步骤13　确认"时间轴"面板中的"天空"图层仍处于选中状态，选择"钢笔工具" ✎，在建筑外部轮廓与天空交接处的边缘绘制蒙版，如图8-24所示。

图8-24

提示　　　使用"钢笔工具" 绘制闭合路径后，由于默认的蒙版模式是"相加"模式，天空显示在蒙版区域外部，蒙版区域内部自动填充，遮住其中的内容。不过蒙版内的图像并未被删除，还可以隐约看到该图层。为了显示蒙版内部（城市元素）的内容，遮住天空图层，需要反相蒙版。

步骤14　在"时间轴"面板中选择"天空"图层，按M键显示其蒙版属性，然后选中"反转"复选框，反相蒙版，效果如图8-25所示。

图8-25

步骤15　在"时间轴"面板中单击"天空"图层的"视频"显示/隐藏图标 ，关闭该图层的显示，然后切换到"选择工具" ，再单击"合成"面板中的空白处，效果如图8-26所示。

提示　　采用上述操作，相比在建筑和树木周围手动绘制蒙版要容易得多。

步骤16　在"时间轴"面板中选择"天空"图层，按U键关闭其属性，单击"时间轴"面板中的空白处以取消选择所有图层，保存项目。

图8-26

8.4 应用"照片滤镜"特效

提示

　　"照片滤镜"特效用于模拟摄像机镜头上所使用的彩色滤镜技术，通过调整透过镜头的光线的色彩平衡和色温，对图像进行曝光。可以选择颜色预设，也可以使用调色板或吸管以自定义颜色，从而调整图像的色调。下面使用"照片滤镜"特效使建筑物的色调变暖。

　　步骤1　在"时间轴"面板中选择"背景"图层，然后选择"效果"→"颜色校正"→"照片滤镜"菜单命令。

　　步骤2　在"效果控件"面板中的"滤镜"下拉列表中选择"暖色滤镜（81）"选项，如图8-27所示。

图8-27

步骤3 图像的效果看起来比较令人满意，如图8-28所示，保存项目。

图8-28

配套文件

第9章 3D功能

在After Effects中，可以在2D或3D空间中对图层进行操作。如果将图层指定为3D图层，则After Effects会增加z轴参数对图层的深度进行控制。将图层的深度与不同的灯光及摄像角度相结合，可以创建应用自然运动、灯光、阴影、透视及聚焦效果的3D动画。

可以通过在"时间轴"面板中单击"3D图层"图标⬚，或选择"图层"→"3D图层"菜单命令，将图层转换为3D图层；再次在"时间轴"面板中单击"3D图层"图标⬚，或选择"图层"→"3D图层"菜单命令，可以将3D图层转换为2D图层。

要移动3D图层，先选择3D图层，然后在"合成"面板中使用"选取工具"🔖沿对应的轴向拖动3D图层控件的箭头（按住Shift键拖动可更快地移动图层），或者在"时间轴"面板中按P键调整"位置"属性的数值。如果要移动选中的图层，使其锚点位于当前视图的中心，可以选择"图层"→"变换"→"视图中心"菜单命令，或者按Ctrl+Home组合键。

要旋转或定位3D图层，可以调整"方向"和"旋转"属性的数值，这时图层会转动其锚点。在对3D图层的"方向"属性进行动画制作时，图层会尽可能直接转动到指定方向。在对"X旋转""Y旋转""Z旋转"属性中的任何一个进行动画制作时，图层会根据各属性值沿各轴旋转。也就是说，"方向"属性指定角度的目标，"旋转"属性指定角度的路线。对"旋转"属性进行动画制作时，可以使图层转动多次。在为"方向"属性设置动画时，通常可以更好地实现自然、平滑的运动；而在为"旋转"属性设置动画时，可以提供更精确的控制。

- 在"合成"面板中旋转或定位3D图层，可以选择该图层，再选择"旋转工具"🔄，并选择"方向"或"旋转"选项，以确定该工具是影响"方向"属性还是"旋转"属性；然后可以拖动3D图层控件的箭头，也可以拖动图层手柄（拖动边角手柄，围绕z轴转动图层；拖动左/右中央手柄，围绕y轴转动图层；拖动上/下手柄，围绕x轴转动图层），还可以拖动图层，以完成旋转或定位3D图层的操作。
- 在"时间轴"面板中旋转或定位3D图层，可以选择该图层，在"时间轴"面板中按R键调整"旋转"或"方向"属性的数值。

下面制作"三维立方体文字动画"。

9.1 在合成中创建立方体

步骤1 在After Effects中打开一个空白项目，在"另存为"对话框中将该项目命名为"3D.aep"。

步骤2 在"项目"面板底部单击"新建合成"按钮🎞，打开"合成设置"对话框，将合成命名为"3D"，其他参数设置如图9-1所示。

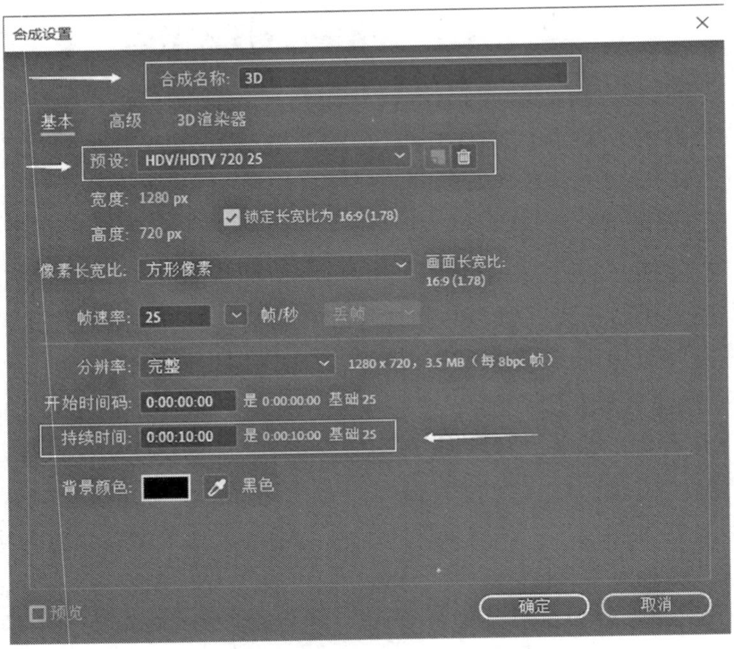

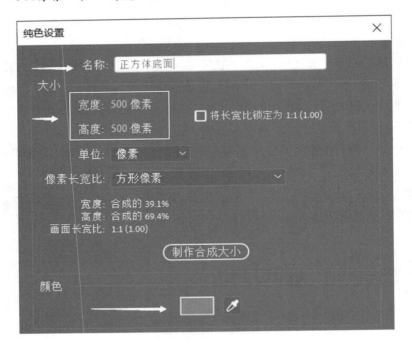

图9-1

步骤3 新建纯色图层，在"纯色设置"对话框中将其命名为"正方体底面"，设置"宽度"为"500像素"，"高度"为"500像素"，如图9-2所示。

图9-2

步骤4 单击"颜色"右侧的色块，打开"纯色"对话框，在"#"文本框中设置数值为"3333CC"，如图9-3所示，单击"确定"按钮。

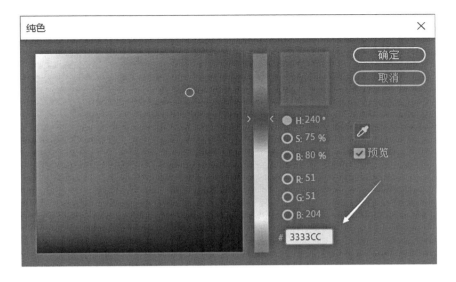

图9-3

步骤5　返回"纯色设置"对话框，单击"确定"按钮。

提示

现在该图层是平面的，只有x（宽）和y（高）两个维度，只能沿着x轴和y轴移动。必须打开"3D图层"开关，以便在3D空间内——包括z轴（深度）——移动该图层。下面打开"3D图层"开关。

步骤6　右击"时间轴"面板中的"父级和链接"列标题名称，在弹出的菜单中选择"隐藏此项"命令。在"#"（图层序号）列标题上重复上述操作，可以在"时间轴"面板中留出更多的空间，如图9-4所示。

图9-4

步骤7　按住Ctrl键，在"时间轴"面板中，单击"正方体底面"图层左侧的 ❯ 图标（单击后图标显示为 ❮），以显示该图层的所有"变换"属性，如图9-5所示。

步骤8　单击"正方体底面"图层的"开关/模式"列中最右侧的"3D图层"图标 ⬚，打开"3D图层"开关，如图9-6所示。

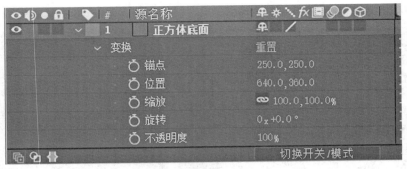

图9-5

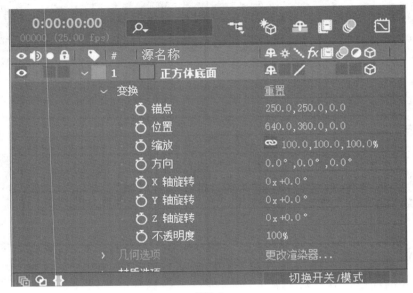

图9-6

9.2 3D空间的动画处理

步骤1 在"时间轴"面板中选择"正方体底面"图层，按P键显示该图层的"变换"属性。

步骤2 按Home键，将时间归零。

步骤3 单击"位置"属性的"时间变化秒表"图标$\circlearrowleft$，以默认值"640.0, 360.0, 0.0"（分别代表x、y和z轴）添加一个关键帧，如图9-7所示。

图9-7

步骤4　将当前时间指示器沿时间标尺移动到"0:00:00:05"，设置"位置"的z值为"1000.0"，添加一个关键帧，如图9-8所示，效果如图9-9所示。

图9-8

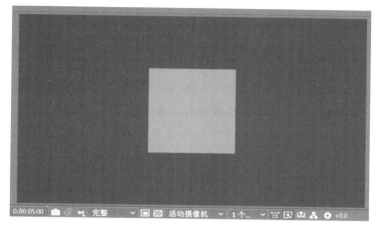

图9-9

步骤5　按Space键预览帧，在"合成"面板中正方形看起来好像缩小了，但实际上是正方形在3D空间内后退了，如图9-10所示。

图9-10

步骤6　再次按Space键结束预览，按Home键将时间归零，保存项目。

9.3 应用3D视图

提示　　3D图层中对象的外观有时具有欺骗性，例如，看起来好像沿x轴和y轴缩小了，而实际上是沿z轴移动。在"合成"面板的默认视图中有时可能会看不清楚，可以在"合成"面板底部展开"选择视图布局"下拉列表，将"合成"面板的默认视图分成单个帧的不同视图，从多个角度进行观察。也可以使用"3D视图弹出式菜单"选择不同的视图进行观察。

步骤1　最大化面板组，将鼠标指针拖动到"合成"面板的任意处，按~键使"合成"面板充满应用程序的整个窗口，隐藏所有其他面板。

步骤2　在"合成"面板底部展开"选择视图布局"下拉列表，选择"2个视图-水平"选项，此时"合成"面板左侧显示图像帧的"顶"视图，右侧显示图像帧的"活动摄像机"视图，这是观察视图，如图9-11所示。

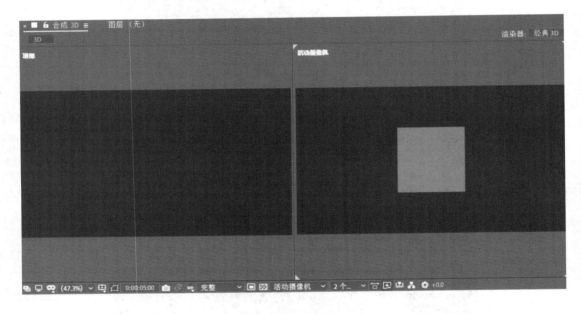

图9-11

步骤3　在"合成"面板左侧单击，激活"顶"视图，在该面板底部的下拉列表中选择"左视图"选项。

步骤4　在"合成"面板右侧单击，选择"正方体底面"图层（在"活动摄像机"视图内），可以看到用颜色标记的3D红/绿/蓝轴显示在图层的轴点（轴点在正方形的正中心）上，如图9-12所示。

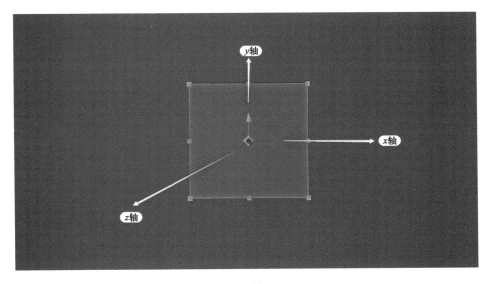

图9-12

提示

　　3D轴使用不同颜色标记轴向，红色箭头控制*x*轴，绿色箭头控制*y*轴，蓝色箭头控制*z*轴，如图9-13所示。要显示或隐藏 3D 轴、摄像机、光照线框图标、图层手柄及目标点，可以选择"视图"→"显示图层控件"菜单命令。要显示或隐藏一组永久的3D 参考轴，可以在"合成"面板底部单击"选择网格和参考线选项"按钮，选择"3D 参考轴"菜单命令。

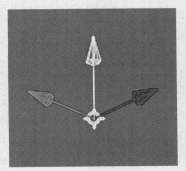

图9-13

　　当将鼠标指针定位到相应轴上时，可以显示出字母"x""y""z"。当将鼠标指针置于某个轴上移动或旋转图层时，图层的运动被限制在该轴。

　　步骤5　"正方体底面"图层仍处于选中状态，按几次Page Down键前进几帧，该图层的新位置出现在两个视图中，在左侧可以看到z轴从"正方体底面"图层的中心点向左扩展。按Page Down键时，可以看到正方形在沿z轴后退，而不是在缩小。

　　步骤6　按~键回到"标准"工作空间。

9.4 翻转立方体的底面

> **提示**　要想使正方形远离观者时向后倒，就必须使正方形沿底边旋转，也就是说，必须要将"正方体底面"图层的轴点从正方形的中间移向底部。下面移动"正方体底面"图层的轴点。
>
> 可以通过在"时间轴"面板中改变图层的"锚点"数值移动轴点，但这会引起正方形相对于合成移动。为避免这一问题，可以使用"向后平移（锚点）工具"移动轴点的位置。

步骤1　按Home键，将时间归零。

步骤2　在"时间轴"面板中选择"正方体底面"图层，按Shift+A组合键，在"位置"属性的上方显示"锚点"属性，如图9-14所示。

图9-14

步骤3　在"工具"面板中选择"向后平移（锚点）工具"。

> **提示**　"向后平移（锚点）工具"可用于调整素材的定位点。默认状态下，图层的定位点位于图层的中心，可以调节图层定位点的位置，使图层围绕任意点进行旋转。

步骤4　在"活动摄像机"视图中，将轴点拖动到正方形的底部。开始拖动时按住Shift键，将移动控制在垂直方向，当轴点到达正方形底部的边缘时停止拖动，如图9-15所示。拖动轴点时，"时间轴"面板中"锚点"和"位置"的数值会改变，"锚点"数值为"250.0, 616.0, 0.0"，"位置"数值为"640.0, 726.0, 0.0"，如图9-16所示。

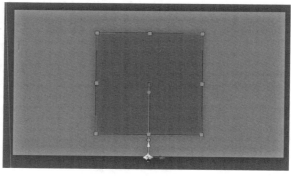

图9-15

图9-16

步骤5 按K键移动到下一帧"0:00:00:05",选择"选取工具" ，在"活动摄像机"视图中将鼠标指针定位到"正方体底面"图层的y轴(绿色箭头)并向下拖动,直到"位置"属性的y值为"715.0",如图9-17所示。现在,正方形已经回到合成画面的中间,如图9-18所示。

图9-17

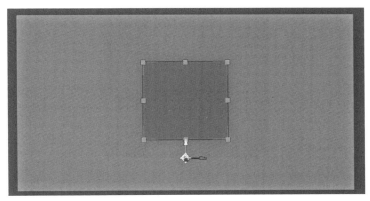

图9-18

步骤6 按Space键在"合成"面板的"活动摄像机"视图中进行预览,预览结果应该与上次相同。在完成立方体翻转动画的制作后,在此所进行的操作就会显示出效果。

提示　将轴点定位到新的位置后,正方形就可以沿其底边进行旋转了。

步骤7 按Home键,将时间归零。

步骤8 在"时间轴"面板中选择"正方体底面"图层,按Shift+R组合键将该图层的"方向"和"旋转"属性显示在"锚点"和"位置"属性的下方,如图9-19所示。

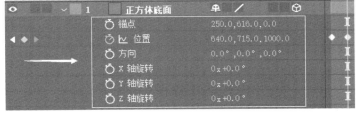

图9-19

步骤9 单击"X 轴旋转"属性的"时间变化秒表"图标⏱，在其默认角度为"0°"处设置关键帧。

步骤10 将当前时间指示器沿时间标尺移动到"0:00:00:10"，即正方形停止后向前移动5帧。设置"X 轴旋转"角度值，After Effects在当前时间点添加关键帧，如图9-20所示。此时，"合成"面板"活动摄像机"视图的显示效果如图9-21所示。

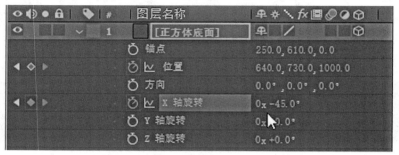

图9-20

图9-21

 提示 　　在"合成"面板的"活动摄像机"视图中，可以看到正方形沿其底边旋转了45°，这有助于观察旋转，但实际上制作目的是希望底边完全落平。

步骤11 设置"X 轴旋转"的角度值为"0x−90.0°"，这样可以看到在"合成"面板的"活动摄像机"视图中正方形完全落平。

步骤12 将时间指示器沿时间标尺移动到"0:00:02:00"，以留出足够的工作空间和预览空间，如图9-22所示。

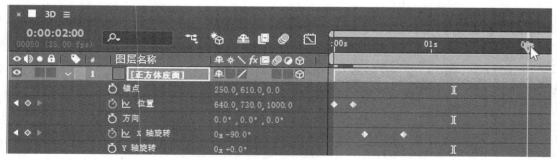

图9-22

步骤13 按Space键预览创建的动画效果，可以看到正方形先后退、后倒下，如图9-23所示。

图9-23

下面使正方形顺时针旋转45°，这样在将其拼成立方体时可以具有更好的透视效果。

步骤14 单击"合成"面板右侧"活动摄像机"视图内的任意点，激活该视图。

步骤15 在"合成"面板底部的"选择视图布局"下拉列表中选择"1个视图"选项，确认将3D视图设置为"活动摄像机"视图。

步骤16 在"工具"面板中选择"旋转工具" 🔄，在该面板的"组"下拉列表中选择"旋转"选项，如图9-24所示。

图9-24

步骤17 将当前时间指示器沿时间标尺移动到"0:00:00:10"，即最后一个"X轴旋转"关键帧的位置；单击"Z轴旋转"的"时间变化秒表"图标🕐，对该属性以默认角度值设置一个关键帧，如图9-25所示。

图9-25

步骤18 将当前时间指示器沿时间标尺移动到"0:00:01:10"。

步骤19 在"合成"面板中，将z轴（蓝色）向左拖动，开始拖动时按住Shift键，将旋转角度限制为45°，当"Z轴旋转"角度值为"0x+45.0°"时释放鼠标（也可以手动输入该数值），After Effects自动添加一个关键帧，如图9-26所示，此时"合成"面板"活动摄像机"视图内的显示效果如图9-27所示。

图9-26

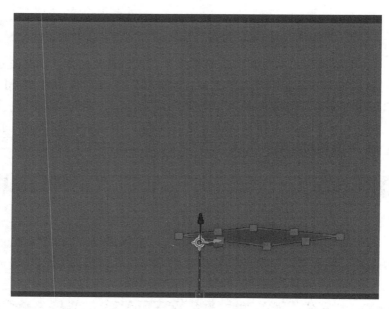

图9-27

步骤20　按Home键将时间归零，然后按Space键预览动画。在正方形后退并落平后，顺时针旋转45°。

提示　下面调整关键帧，在正方形两阶段的动画之间添加暂停。

步骤21　将当前时间指示器沿时间标尺移动到"0:00:00:08"，该点位于上一个"位置"关键帧的后面第3帧处。

步骤22　单击"X轴旋转"属性的名称，选择该属性下的所有关键帧。

步骤23　将第1个（左侧）"X轴旋转"关键帧向右拖动，其他关键帧随之移动。开始拖动时按住Shift键，将第1个关键帧与当前时间指示器（即时间标尺的"0:00:00:08"处）对齐，然后释放鼠标，如图9-28所示。

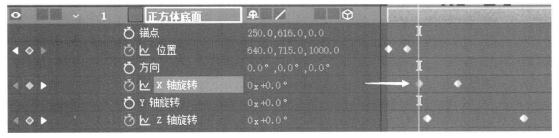

图9-28

步骤24　将当前时间指示器拖动到"0:00:01:06"，该点位于上一个"X轴旋转"关键帧后面的第3帧处。

步骤25　单击"Z轴旋转"属性的名称，选择关键帧，将第1个"Z轴旋转"关键帧向右拖动。按住Shift键，将它与当前时间指示器的位置（即时间标尺的"0:00:01:06"）对齐，然后释放鼠标，如图9-29所示。

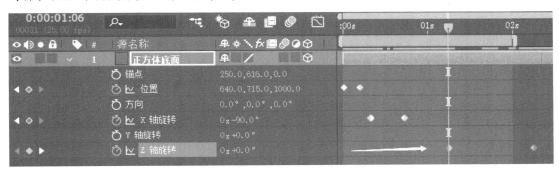

图9-29

步骤26　将当前时间指示器沿时间标尺移动到"0:00:02:10"，使时间轴包含所有关键帧，以及最后一个关键帧之后的关键帧，然后按Spsce键进行预览。可以看到，正方形后退，短暂停止，落平，再次停止，然后旋转。

步骤27　关闭"正方体底面"图层的所有属性，按Home键将时间归零，保存项目。

9.5 创建3D地板

提示　在蓝色正方形（立方体底面）倒下并旋转后，希望在正方形下面展开一块紫色的地板。下面使用纯色图层创建地板。

步骤1　在"时间轴"面板中选择"正方体底面"图层，按Ctrl+D组合键复制得到其副本图层。

步骤2　选择图层堆栈底部的"正方体底面"图层，将其重命名为"地板"，如图9-30所示。

图9-30

步骤3　将当前时间指示器沿时间标尺移动到"0:00:02:09"，即"正方体底面"图层最后一个关键帧后面第3帧的时间点上。

步骤4　在"时间轴"面板中选择"地板"图层，按Alt+[组合键将该图层的入点移动到当前时间点，如图9-31所示。

图9-31

步骤5　确认"时间轴"面板中的"地板"图层处于被选择状态，选择"图层"→"纯色设置"菜单命令，打开"纯色设置"对话框。

步骤6　在"纯色设置"对话框中，设置"名称"为"地板"，单击"颜色"右侧的色块，打开"纯色"对话框，在"#"文本框中输入"990099"，单击"确定"按钮，回到"纯色设置"对话框，如图9-32所示，单击"确定"按钮。

提示　如果希望地板从蓝色正方形的四边扩展开，就必须将"地板"图层的轴点恢复到其默认位置，即该图层的中心。

步骤7　在"时间轴"面板中选择"地板"图层，按A键显示其"锚点"属性。

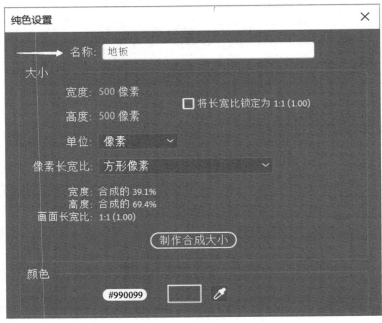

图9-32

步骤8　右击"锚点"属性的名称，在弹出的菜单中选择"重置"命令（如图9-33所示），"锚点"的位置恢复到其默认值"250.0, 250.0, 0.0"，即位于该图层的中心，该图层也在"合成"面板中相应移动，效果如图9-34所示。

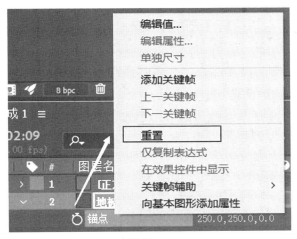

图9-33

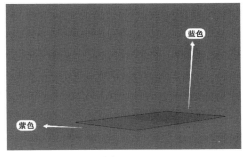

图9-34

步骤9　在"时间轴"面板中选择"地板"图层，按P键显示其"位置"属性，隐藏其"锚点"属性。

步骤10　从"合成"面板底部的3D视图下拉列表中选择"顶部"选项。因为图层位于默认的"顶部"视图之外，所以合成显示为空。

步骤11　在"时间轴"面板中选择"地板"图层，选择"视图"→"查看选中的图层"菜单命令。After Effects将调整观察点和观察方向，以便在视图中可以看到选中的图层。此时"地板"图层显示在"合成"面板中，可以看到"正方体底面"图层与其位置重叠，如图9-35所示。

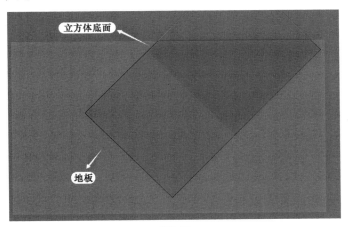

图9-35

步骤12　选择"选取工具"按钮▶，将"地板"图层的y轴（绿色）向合成的右上角拖动，使地板隐藏到蓝色正方形中，如图9-36所示。"位置"的最终数值为"900.0, 715.0, 1260.0"，如图9-37所示。如果需要调整移动操作，可以手动输入数值。

> **提示** After Effects会添加一个"位置"关键帧，因为要从"正方体底面"图层将其他两个"位置"关键帧复制到"地板"图层中，这并不影响动画效果。

图9-36

图9-37

> **提示** 下面对地板进行动画处理，使其从蓝色正方形（立方体底面）的下面向外扩展。

步骤13　在"合成"面板的3D视图下拉列表中选择"活动摄像机"选项。

步骤14　在"时间轴"面板中选择"地板"图层，按S键显示其"缩放"属性，确认当前时间指示器仍位于"00:00:02:09"，单击"缩放"的"时间变化秒表"图标 以添加关键帧，如图9-38所示。

图9-38

步骤15　将当前时间指示器沿时间标尺移动到"00:00:03:00"。

步骤16　在"时间轴"面板中向右拖动"地板"图层的任何"缩放"属性值，直到地板延展超出合成的两侧和底部的可视区域为止，如图9-39所示。"缩放"属性的最终数值在"600.0%"与"700.0%"之间，After Effects会自动添加"缩放"关键帧，如图9-40所示。

图9-39

图9-40

步骤17　将当前时间指示器沿时间标尺移动到"0:00:04:00"，然后按Space键预览动画。可以看到，完成正方形底部的动画后，紫色地板从其下方延展开来。

提示　此时地板是纯色的，不利于产生较好的立体感。下面向地板添加网格，利用"网格"特效解决这个问题。

步骤18　将当前时间指示器沿时间标尺移动到"00:00:03:10"，在"合成"面板中可以看到缩放后的地板。

步骤19　选择"时间轴"面板中的"地板"图层，然后选择"效果"→"生成"→"网格"菜单命令，为该图层添加网格效果。默认状态下，应用该特效后，"合成"面板将显示白色网格，如图9-41所示。

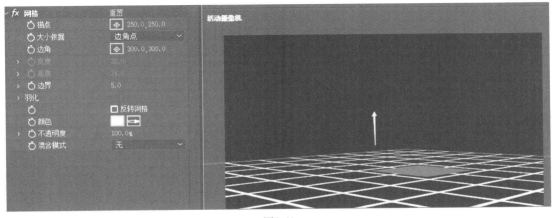

图9-41

步骤20 在"效果控件"面板中单击"颜色"属性右侧的吸管 ➡️。

步骤21 将吸管移动到"时间轴"面板，单击"地板"图层名称左侧的紫色正方形，则合成中网格的正方形被填充为紫色，如图9-42所示。

图9-42

步骤22 在"效果控件"面板中，选中"反转网格"复选框，此时网格线呈透明状，网格方块为紫色，如图9-43所示。

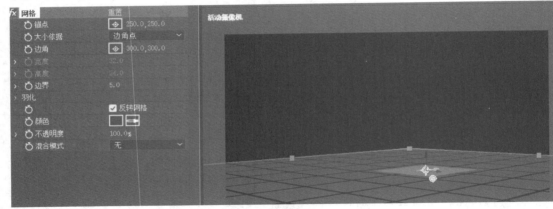

图9-43

步骤23 在"效果控件"面板中，设置"边界"的数值为"1.0"，在网格中创建比之前更细的线条，如图9-44所示。

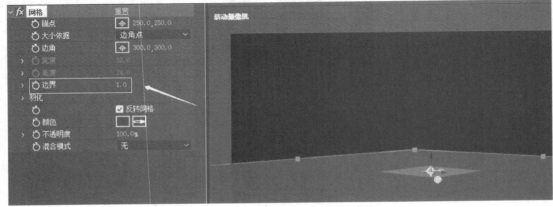

图9-44

步骤24 按Space键预览结果，然后关闭"地板"图层的所有属性，清理"时间轴"面板，保存项目。

9.6 创建并编辑立方体的侧面

 提示
在创建了立方体的底面及地板后，下面从创建和定位一个新的纯色图层开始，创建立方体的侧面。

步骤1 将当前时间指示器沿时间标尺移动到"0:00:03:00"。

步骤2 取消选择"时间轴"面板中的所有图层，选择"图层"→"新建"→"纯色"菜单命令。

步骤3 在打开的"纯色设置"对话框中，参数设置如图9-45所示，单击"确定"按钮。

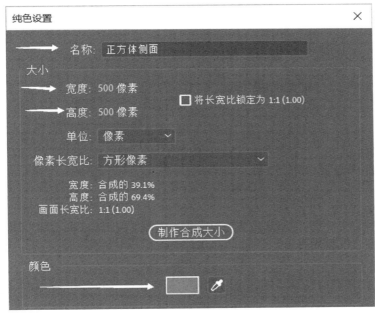

图9-45

 提示
将该纯色图层命名为"正方体侧面"，设置"宽度"和"高度"为"500像素"，使用"颜色"吸管🖋单击"时间轴"面板中"正方体底面"图层名称左侧的蓝色，创建新的纯色图层。

步骤4 确认"正方体侧面"图层在"时间轴"面板中位于图层堆栈的顶部（如果不在顶部，需要将其拖动到顶部），打开"正方体侧面"图层的3D图层开关，如图9-46所示。

图9-46

步骤5　在"时间轴"面板中选择"正方体底面"图层，按A键显示其"锚点"属性，设置"正方体底面"图层的"锚点"数值为"250.0，500.0，0.0"，将锚点置于该图层的底部，这样就可以沿正方形的底边进行翻转了。

步骤6　在"时间轴"面板中选择"正方体底面"图层，按Shift+R组合键同时显示其"旋转"和"方向"属性，然后设置"Y轴旋转"数值，如图9-47所示，此时"合成"面板的显示效果如图9-48所示。

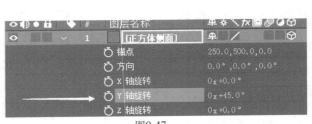

图9-47

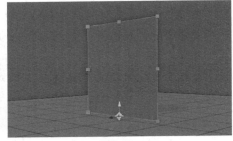

图9-48

步骤7　在"时间轴"面板中选择"正方体侧面"图层，按Shift+P组合键显示该图层的"位置"属性，然后设置"位置"数值为"959.0，610.0，481.0"，如图9-49所示；将"正方体侧面"图层垂直放置在"正方体底面"图层的右边缘处，如图9-50所示。

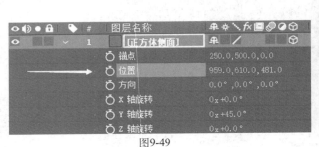

图9-49

图9-50

步骤8　在"时间轴"面板中再次选择"正方体侧面"图层，按Shift+S组合键调出其"缩放"属性，将其缩放至与立方体的底面相同的大小（"70.0，70.0，70.0%"），如图9-51所示，关闭"正方体侧面"图层的所有属性。

图9-51

提示　复制"正方体侧面"图层，可以快速创建其他3个侧面。

步骤9　在"时间轴"面板中选择"正方体侧面"图层，按3次Ctrl+D组合键，创建该图层的3个副本图层。

步骤10　依次选择每个图层，分别将其重命名为"正方体侧面1""正方体侧面2""正方体侧面3""正方体侧面4"。其中，"正方体侧面1"图层位于图层堆栈的顶部，其他立方体侧面图层顺序排列，如图9-52所示。

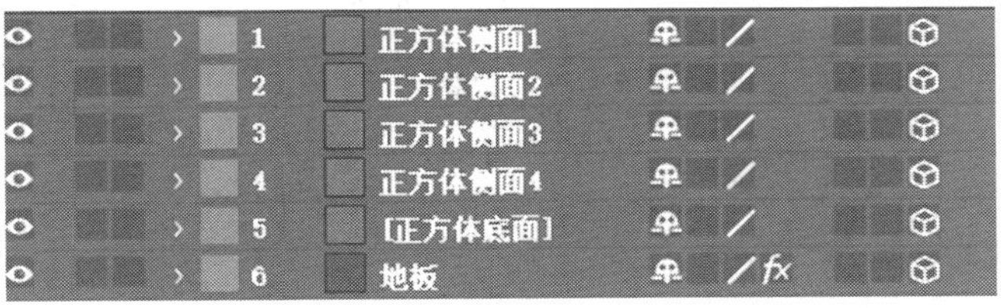

图9-52

步骤11　按住Shift键选择"时间轴"面板中所有4个立方体侧面图层，按Alt+[组合键，将4个图层的入点拖动到当前时间点（即"0:00:03:00"），如图9-53所示。

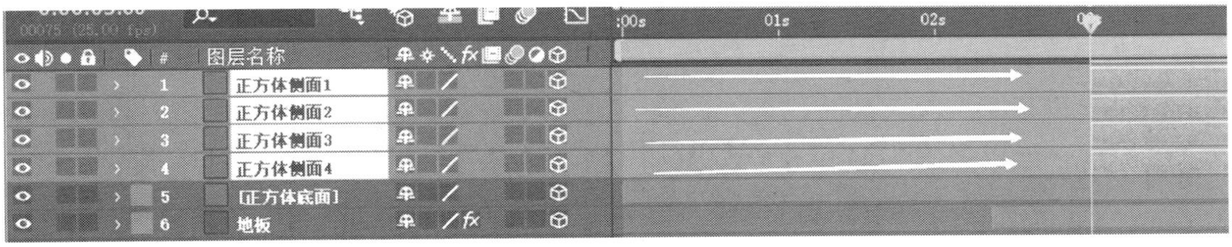

图9-53

提示　在动画的实际制作中，一般是使用"选取工具"在"合成"面板中定位和旋转立方体的几个侧面，在此直接设置"位置"和"旋转"属性的数值，可以快速将立方体的侧面与其底边对齐。也可以在"合成"面板中手动拖动以定位立方体的侧面。

步骤12　在"时间轴"面板中选择"正方体侧面2"图层，按P键，再按Shift+R组合键，显示该图层的"位置""旋转""方向"属性。

步骤13　设置"正方体侧面2"图层的"Y轴旋转"为"0x+135.0°"，"位置"为"700.0, 610.0, 480.0"，隐藏"正方体侧面2"图层的属性。

步骤14　在"时间轴"面板中选择"正方体侧面3"图层，按P键，再按Shift+R组合键，显示该图层的"位置""旋转""方向"属性。

步骤15　设置"正方体侧面3"图层的"Y轴旋转"为"0x+135.0°"，"位置"为"952.0, 609.0, 243.0"，隐藏"正方体侧面3"图层的属性。

步骤16　在"时间轴"面板中选择"正方体侧面4"图层，按P键显示该图层的"位置"属性。

步骤17　设置"正方体侧面4"图层的"位置"为"701.0, 610.0, 240.0"，隐藏"正方体侧面4"图层的属性。

步骤18　为了更有效地观察立方体，在"合成"面板底部的"选择视图布局"下拉列表中选择"2个视图-水平"选项，设置其中一个视图为"活动摄像机"，另一个视图为"顶部"（使用3D视图下拉列表），此时立方体侧面沿4条底边直立，如图9-54所示。

步骤19　完成上述操作后，将视图切回"1个视图"和"活动摄像机"视图显示。

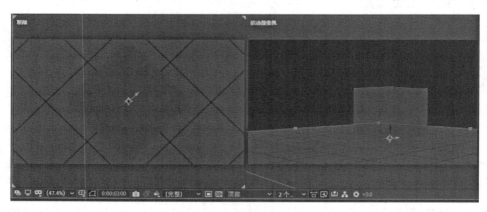

图9-54

> 提示　此时立方体的侧面位于各个侧面最终的垂直位置上，需要将它们翻转。对立方体的侧面进行动画处理，首先要定位到前面的时间点上，使每个侧面先处于倒下的状态，然后再定位到后面的时间点上，使每个侧面翻转。要想提供正确的数值，也可以用"旋转工具" ↻（在"工具"面板中将它设置为"方向"）沿z轴手动旋转每个图层。下面对立方体的侧面进行动画处理。

步骤20　将当前时间指示器沿时间标尺移动到"0:00:05:05"，该时间点位于"地板"图层完成动画之后，并为立方体每个侧面的动画到位留有足够的时间。

步骤21　在"时间轴"面板中选择"正方体侧面4"图层，按R键显示其"方向"和"旋转"属性，单击"方向"左侧的"时间变化秒表"图标 ○，在"方向"的"0.0°，0.0°，0.0°"位置添加关键帧，如图9-55所示。

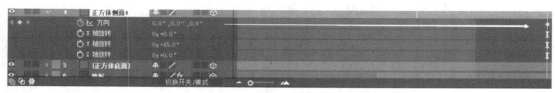

图9-55

步骤22　将当前时间指示器沿时间标尺移动到"0:00:05:00"，并设置"正方体侧面4"图层的"方向"属性为"305.0, 330.0, 55.0"，如图9-56所示，After Effects自动添加一个关键帧。

图9-56

步骤23　关闭"正方体侧面4"图层的属性，然后将当前时间指示器沿时间标尺移动到"0:00:04:10"。

步骤24　在"时间轴"面板中选择"正方体侧面3"图层，按R键显示其"方向"和"旋转"属性，然后单击"方向"左侧的"时间变化秒表"图标，添加"方向"关键帧。

步骤25　将当前时间指示器沿时间标尺移动到"0:00:04:05"，设置"正方体侧面3"图层的"方向"数值为"305.0°, 30.0°, 305.0°"，After Effects自动添加关键帧。

步骤26　关闭"正方体侧面3"图层的属性，然后将当前时间指示器沿时间标尺移动到"0:00:04:00"。

步骤27　在"时间轴"面板中选择"正方体侧面2"图层，按R键显示其"方向"和"旋转"属性，然后单击"方向"左侧的"时间变化秒表"图标，添加"方向"关键帧。

步骤28　将当前时间指示器沿时间标尺移动到"0:00:03:10"，设置"正方体侧面2"图层的"方向"数值为"55.0°, 30.0°, 55.0°"，After Effects自动添加关键帧。

步骤29　关闭"正方体侧面2"图层的属性，然后将当前时间指示器沿时间标尺移动到"0:00:03:05"。

步骤30　在"时间轴"面板中选择"正方体侧面1"图层，按R键显示其"方向"和"旋转"属性，然后单击"方向"前的"时间变化秒表"图标，添加"方向"关键帧。

步骤31　将当前时间指示器沿时间标尺移动到"0:00:03:00"，设置"正方体侧面1"图层的"方向"数值为"55.0°, 330.0°, 305.0°"，After Effects自动添加关键帧。

提示　　至此，完成立方体侧面的动画处理。

步骤32　将当前时间指示器沿时间标尺移动到"0:00:05:10"，按Home键将时间归零，取消选择"时间轴"面板中的所有图层，按Space键预览动画。可以看到，当地板缩放到最终尺寸时，正方体的侧面依次向上翻转，如图9-57所示。

图9-57

步骤33　完成预览，在"时间轴"面板中关闭"正方体侧面1"图层的属性，按Home键将时间归零，保存项目。

提示 　　现在已经完成3D形状的组装，并在空间中对其进行了动画处理。下面通过添加3D灯光来增强场景的视觉效果。

9.7 使用3D灯光并打开"投影"开关

提示 　　在After Effects中，灯光是一种图层，它将光线照射到其他图层中。可以选择"平行光""聚光""点光""环境光"4种，并可进行各种设置。默认情况下，灯光指向目标点。目标点是一种属性，用于定义合成中灯光指向的点。

　　步骤1　在"项目"面板中选择"3D"合成，激活"时间轴"面板或"合成"面板。

　　步骤2　按Home键将时间归零，选择"图层"→"新建"→"灯光"菜单命令。

　　步骤3　在"灯光设置"对话框中，将灯光命名为"聚光1"，其他参数设置如图9-58所示，单击"确定"按钮，创建一盏聚光灯。此时，"合成"面板中的显示效果如图9-59所示，"时间轴"面板中的显示效果如图9-60所示。

提示 　　在"合成"面板中，摄像机的目标点以十字准线图标表示，在"时间轴"面板中灯光图层以灯泡图标表示。

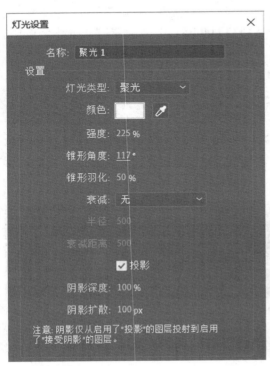

图9-58

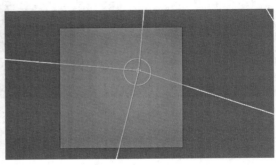

图9-59

图9-60

提示

默认情况下，灯光图层的目标点位于合成的中央，灯光视图自动朝向目标点。下面将聚光灯放置在立方体的上方并指向立方体，在此之前首先调整目标点。

步骤4　在"合成"面板底部的"选择视图布局"下拉列表中选择"2个视图-水平"选项。

步骤5　激活左侧视图，确认3D视图被设置为"顶部"，右侧视图为"活动摄像机"，如图9-61所示。

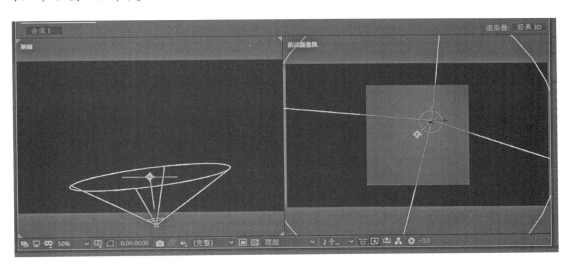

图9-61

步骤6　移动到"0:00:05:05"，立方体的4个侧面在该时间点都向上翻起。此时，灯光显示在整个合成内，通过在"0:00:05:05"时间点上的操作，可以清楚地观察到灯光与立方体的相互作用方式。

步骤7　在"时间轴"面板中选择"正方体底面"图层，然后按住Ctrl键单击"聚光1"图层，以同时选中该图层。

步骤8　选择"视图"→"查看选定图层"菜单命令，在"合成"面板的两个视图内能够看到这两个图层，如图9-62所示。

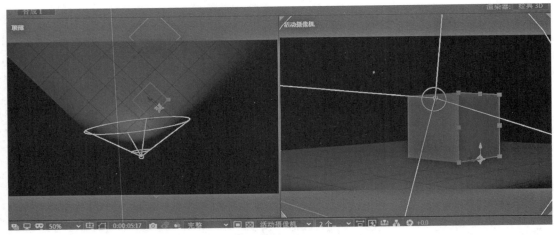

图9-62

步骤9　在"时间轴"面板中选择"聚光1"图层，展开其所有"变换"属性，如图9-63所示。

步骤10　在"时间轴"面板中仍然选择"聚光1"图层，设置"目标点"属性中 x 轴和 z 轴的数值，直到目标点图标 ⊹ 在"合成"面板的"顶部"视图中显示在立方体的中央为止。完成操作后，"目标点"的数值为"747.0, 309.0, −271.0"，如图9-64所示，效果如图9-65所示。

图9-63

图9-64

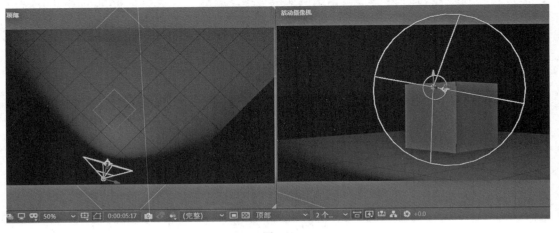

图9-65

步骤11　在"合成"面板底部的"选择视图布局"下拉列表中选择"4 个视图-左侧"选项，在"合成"面板中会显示4个3D视图。其中，3个视图堆叠于"合成"面板的左侧，而第4个视图（较大的）则显示在"合成"面板的右侧。"合成"面板左侧的3个视图从上到下分别是"顶部"视图、"正面"视图和"右侧"视图；右侧显示的是"活动摄像机"视图，如图9-66所示。

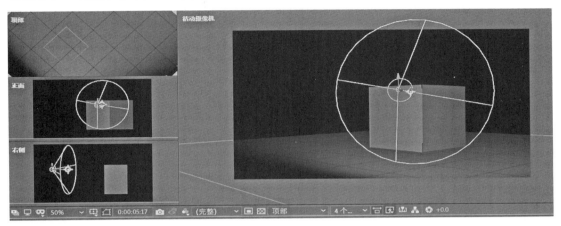

图9-66

步骤12　选择"右侧"视图（"合成"面板左侧最底部的视图），如图9-67所示。如果需要，可以缩小该视图的显示尺寸。使用"手形工具"🖐拖动该视图，可以同时看到聚光灯的锥形和目标点。调整视图后，切换回"选取工具"▶。

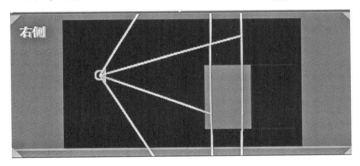

图9-67

步骤13　在"合成"面板的各视图中观察目标点时，可以在"时间轴"面板中向右拖动"目标点"的y轴数值（位于中间的数值），直到目标点位于地板网格的正上方为止。完成调整后，"目标点"的数值为"746.0, 314.0, 324.0"，如图9-68所示，效果如图9-69所示。

图9-68

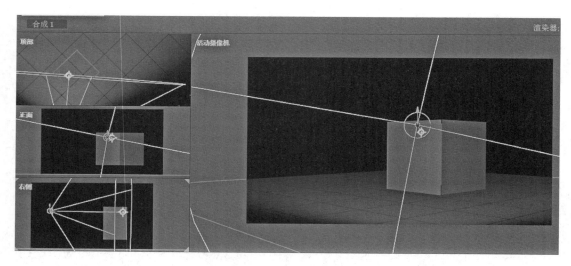

图9-69

提示　　在"合成"面板中拖动聚光灯会引起灯光目标点的移动，因此，需要在"时间轴"面板中改变灯光图层的位置。下面调整聚光灯的位置。

步骤14　在"时间轴"面板中选择"聚光1"图层，按P键查看其"位置"属性，如图9-70所示。

图9-70

步骤15　在"合成"面板中查看"右侧"视图和"活动摄像机"视图时，在"时间轴"面板中按住鼠标左键向左拖动"位置"属性的y轴数值（即位于中间的数值），直到灯光高于合成顶部的上方为止，最终y轴（中间数值）数值为"−700.0"，如图9-71所示，效果如图9-72所示。

图9-71

提示　　下面快速调整"位置"属性的z轴数值。

步骤16　在"时间轴"面板中设置"位置"属性的z轴数值为"−850.0"，如图9-73所示，在3D空间中将灯光向后移动，效果如图9-74所示。

步骤17　在"时间轴"面板中选择"聚光1"图层，按U键隐藏其属性。

步骤18　取消选择所有图层，按Home键将时间归零，然后预览灯光效果动画。

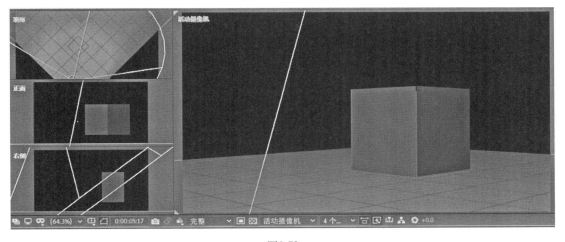

图9-72

图9-73

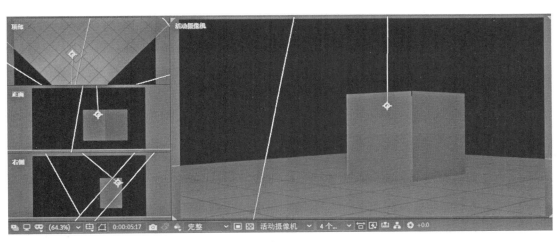

图9-74

提示　下面打开投影开关。

　　步骤19　将当前时间指示器沿时间标尺移动到"0:00:05:05"，观察立方体的4个直立侧面。

　　步骤20　在"合成"面板底部的"选择视图布局"下拉列表中选择"1个视图"选项，将3D视图设置为"活动摄像机"视图，如图9-75所示。

　　步骤21　在"时间轴"面板中，按住Shift键选择立方体所有4个侧面的图层，如图9-76所示。

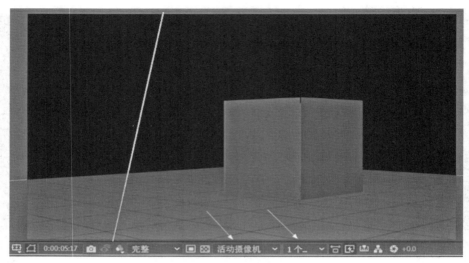

图9-75

图9-76

步骤22　按两次A键，展开立方体4个侧面图层的"材质选项"属性组，如图9-77所示。

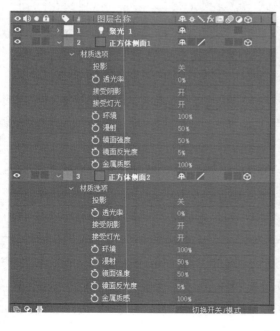
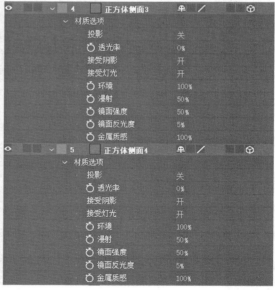

图9-77

步骤23　在立方体4个侧面的图层仍处于选中状态时，打开"正方体侧面1"图层的"材质选项"属性组中"投影"属性的开关。因为立方体的所有4个侧面同时被选中，所以该操作将同时打开这4个图层"投影"属性的开关，如图9-78所示。

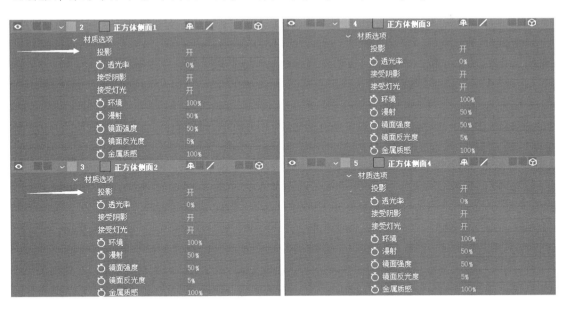

图9-78

步骤24　关闭立方体4个侧面图层的属性组，取消选择"时间轴"面板中的所有图层。

步骤25　按Home键将当前时间归零，然后按Space键预览动画。可以看到，在立方体侧面翻转到位后，立方体投下阴影，如图9-79所示。

图9-79

9.8 创建并编辑摄像机

提示 到目前为止，"3D"合成都是在默认的"活动摄像机"视图中显示。下面的动画需要从上向下观察立方体，为此需要创建一个摄像机图层，并对虚拟摄像机进行动画处理。下面创建摄像机。

步骤1　将当前时间指示器沿时间标尺移动到"0:00:05:05"，取消选择"时间轴"面板中的所有图层。

步骤2　选择"图层"→"新建"→"摄像机"菜单命令，打开"摄像机设置"对话框，保持所有默认设置，包括名称"摄像机1"及预设"50毫米"，如图9-80所示，然后单击"确定"按钮，"时间轴"面板如图9-81所示。

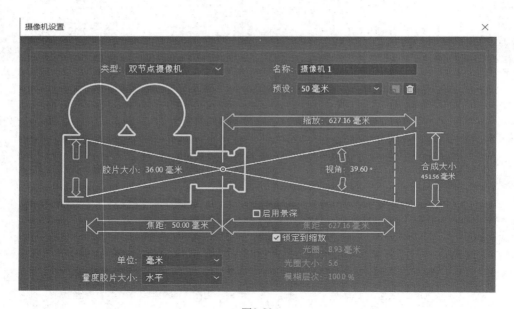

图9-80

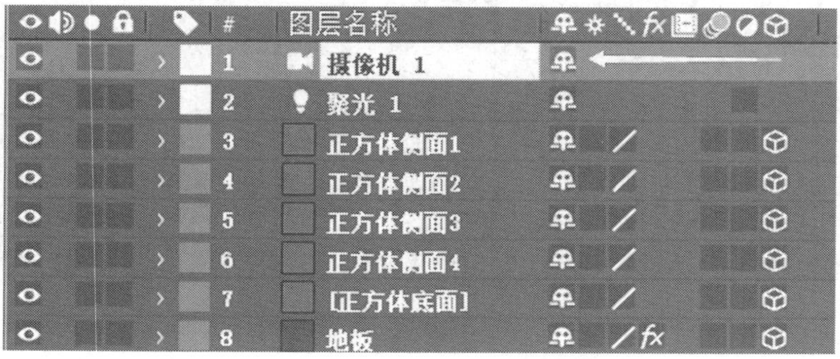

图9-81

提示　"摄像机1"图层显示在"时间轴"面板图层堆栈的顶部（图层名称左侧有一个摄像机图标▣），"合成"面板更新以反映新的摄像机图层的透视效果。现在"合成"面板中的视图没有发生变化，原因是"50毫米"摄像机预设与默认的"活动摄像机"视图使用的设置相同。

步骤3　在"合成"面板底部的3D视图下拉列表中选择"2个视图-水平"选项，面板左侧显示出"顶部"视图，"活动摄像机"视图仍位于右侧，如图9-82所示。

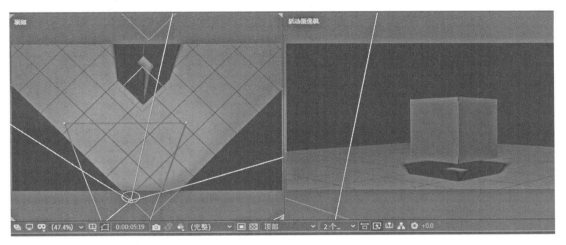

图9-82

提示　与使用灯光图层相同，摄像机图层也有一个目标点，它决定摄像机的拍摄对象。对该摄像机图层进行设置，使其对准立方体，并在移动摄像机时始终聚焦于立方体。下面设置摄像机的目标点。

步骤4　在"时间轴"面板中展开"摄像机1"图层的"变换"属性，如图9-83所示。

图9-83

步骤5　在"合成"面板中观察"顶部"视图时，向右拖动"时间轴"面板中"目标点"属性的z轴数值，直到"合成"面板中的目标点位于立方体内，最终该z轴数值为"1117.0"，如图9-84所示，效果如图9-85所示。

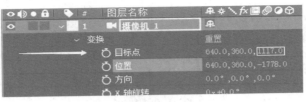

图9-84

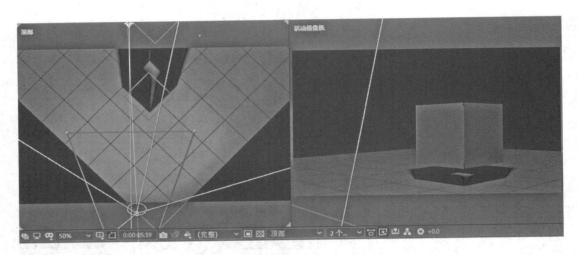

图9-85

提示　　下面对摄像机进行动画处理。

步骤6　将当前时间指示器沿时间标尺移动到"0:00:05:07"，该时间点位于立方体4个侧面组成立方体之后两帧的位置。

步骤7　单击"摄像机 1"图层"位置"属性的"时间变化秒表"图标，以默认值"640.0，360.0，－1778.0"向该属性添加关键帧，如图9-86所示。

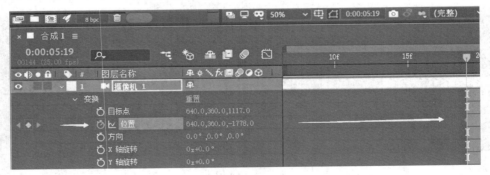

图9-86

步骤8　在"时间轴"面板中展开"摄像机 1"图层的"摄像机选项"属性组，单击"缩放"属性的"时间变化秒表"图标，以默认值"1777.8像素"向该属性添加关键帧，如图9-87所示。

图9-87

步骤9 将当前时间指示器沿时间标尺移动到"0:00:06:04",然后将时间延展到"0:00:06:10"。

步骤10 设置"摄像机1"图层"位置"属性的y轴数值为"-300.0",使摄像机向上移动,After Effects自动添加一个关键帧,如图9-88所示,效果如图9-89所示。

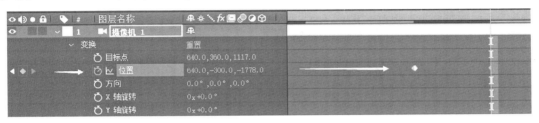

图9-88

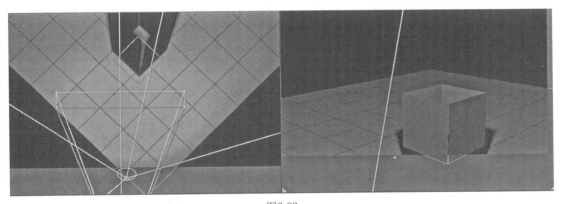

图9-89

步骤11 设置"缩放"数值为"500像素",After Effects在此处自动添加一个关键帧,如图9-90所示,效果如图9-91所示。

图9-90

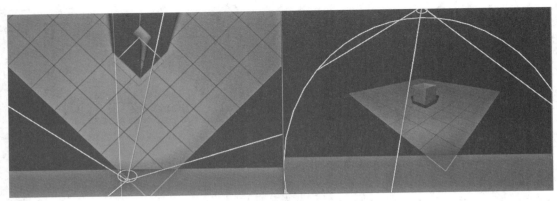

图9-91

步骤12　回到"合成"面板的一个视图中，将其设置为"活动摄像机"视图。

步骤13　按Home键将时间归零，然后按Space键预览动画。

9.9　添加文字标志

步骤1　取消选择"时间轴"面板中的所有图层，选择"图层"→"新建"→"文本"菜单命令，After Effects在"时间轴"面板和"合成"面板中添加一个新图层"文本1"。

步骤2　将当前时间指示器定位于时间标尺的"0:00:06:06"处。

步骤3　确认"时间轴"面板中的文字图层已被选中，然后选择"动画"→"浏览预设"菜单命令，切换到Bridge，如图9-92所示。

图9-92

步骤4　在Bridge中，双击"Text"文件夹，再双击"Paths"文件夹。

步骤5　预览其中的"长螺旋"动画预设，然后双击，将其应用到After Effects中的空白文字图层。

步骤6　切换回After Effects，该动画预设及其名称"spiral long"（长螺旋）沿螺旋路径显示在"合成"面板中，如图9-93所示。

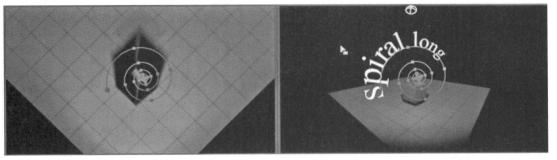

图9-93

步骤7　在"时间轴"面板中将空白文字图层的名称改为"spiral long"，面板中显示出该动画预设的属性，如图9-94所示。

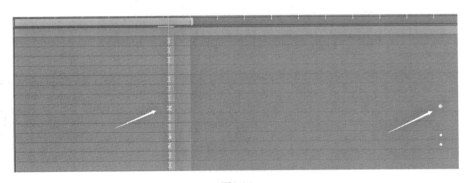

图9-94

提示　　"spiral long"（长螺旋）动画预设使文字沿螺旋路径向内运动，直到消失。在此需要使文字向外螺旋运动，因此，需要反转该预设所应用的关键帧。下面反转文字动画的方向。

步骤8　在"时间轴"面板中选择"spiral long"图层，按U键显示其关键帧属性，如图9-95所示。

图9-95

步骤9　按住Shift键单击"首字边距""缩放""字符间距大小"属性的名称，选择其所有关键帧，如图9-96所示。

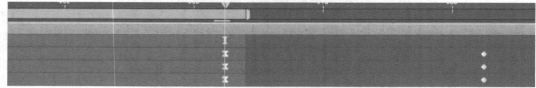

图9-96

步骤10　选择"动画"→"关键帧辅助"→"时间反向关键帧"菜单命令，效果如图9-97所示。

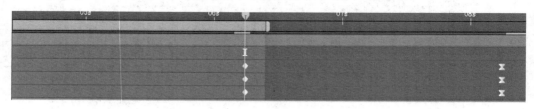

图9-97

提示　　　在此可以通过缩放2D图层定位文字，不需要将其设置为3D图层并沿z轴对其进行定位。下面定位文字。

步骤11　在"时间轴"面板中选择"spiral long"图层，按S键显示其"缩放"属性，设置"缩放"属性的数值为"32.0，32.0%"，如图9-98所示。

步骤12　在"时间轴"面板中选择"spiral long"图层，按P键显示其"位置"属性，设置"位置"属性的数值为"679.0, 380.0",如图9-99所示,使螺旋路径基本位于立方体的中央。

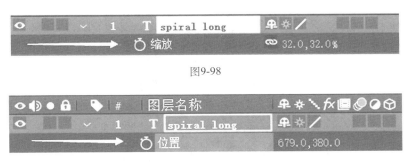

图9-98

图9-99

步骤13 快速预览动画,"合成"面板的显示效果如图9-100所示。

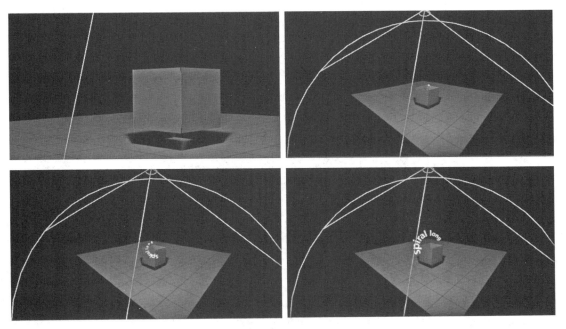

图9-100

提示　　下面设置文字的格式。

步骤14 将"spiral long"图层中的文字改为"After Effects",并将当前时间指示器沿时间标尺移动到"0:00:08:06",该点为螺旋文字动画的终点。

步骤15 在"时间轴"面板中选择"spiral long"图层,在"工具"面板中选择"横排文字工具" **T**,在"合成"面板中选择文本,输入"3D",按Enter键结束编辑。

步骤16 选择"窗口"→"字符"菜单命令,为文字设置不同的字体和字号,参数设置如图9-101所示。

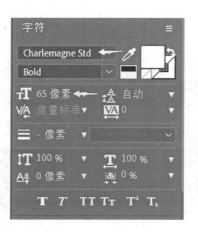

图9-101

步骤17　取消选择"时间轴"面板中的所有图层，按Home键将时间归零，将时间延展到"0:00:10:00"，按数字键盘上的"0"键，以内存预览方式预览整个合成，如图9-102所示。

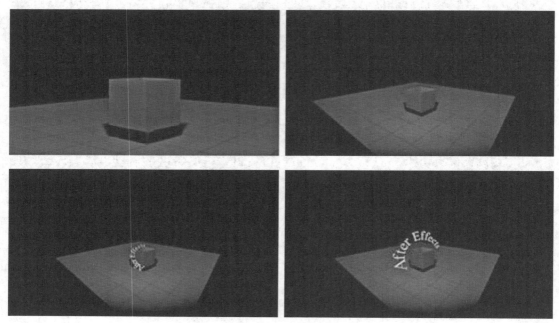

图9-102

步骤18　选择"文件"→"保存"菜单命令，保存项目，关闭Bridge。

配套文件

第10章 高级编辑

利用运动跟踪,可以跟踪对象的运动,然后将该运动的跟踪数据应用于另一个对象(例如另一个图层或效果控制点),以创建图像和效果在其中跟随运动的合成。此外,还可以稳定运动,在这种情况下,跟踪数据用来使被跟踪的图层动态化以针对该图层中对象的运动进行补偿。可以使用表达式将属性链接到跟踪数据。

After Effects 通过将来自某帧中选定区域的图像数据与后续每帧中的图像数据进行匹配来跟踪运动。可以将同一跟踪数据应用于不同的图层或效果,也可以跟踪同一图层中的多个对象。

可以通过"跟踪器"面板设置、启动和应用运动跟踪,并且可以在"时间轴"面板中修改、动态化、管理和链接跟踪属性。

10.1 运动稳定

如果手持摄像机拍摄素材,拍摄到的影像可能会抖动。为了使素材效果稳定,After Effects会跟踪影像中的运动,然后对需要处理的每一帧进行移位或旋转以消除抖动。

步骤1 在After Effects打开一个空白项目,将其另存为"运动稳定.aep"。

步骤2 在"项目"面板中双击空白区域,打开"导入文件"对话框,选择"第10章"文件夹中的"运动稳定"子文件夹,选择该子文件夹中的任一图像或视频文件,下面导入一个视频素材"拍摄素材"来进行运动稳定的制作,如图10-1所示。

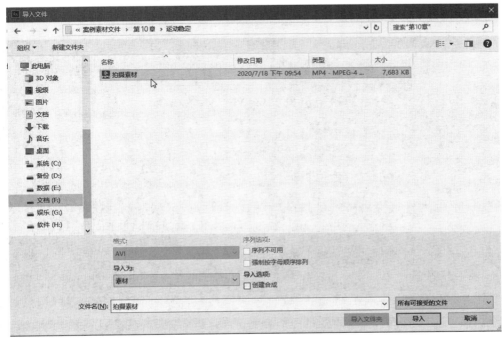

图10-1

如果是序列图片，需要选中"序列选项"中的"'拓展名'序列"复选框进行导入。例如，素材为JPEG文件，选中"序列选项"下方的"JPG序列"复选框，可将其导入到After Effects中；素材为PNG文件，则选中"序列选项"下方的"PNG序列"复选框，再单击"导入"按钮即可。

步骤3　在"项目"面板中导入"拍摄素材"文件，按Enter键使其名称进入可编辑状态，输入文字"运动稳定素材"，按Enter键确认，效果如图10-2所示。

步骤4　在"项目"面板中选择"运动稳定素材"文件，将其拖动到面板底部的"新建合成"按钮■■■上，After Effects自动创建一个名为"运动稳定素材2"的合成，并在"合成"面板和"时间轴"面板中将其打开。

步骤5　选择"运动稳定素材2"合成，按Enter键使其名称进入可编辑状态，输入文字"运动稳定"，按Enter键确认，效果如图10-3所示。

图10-2　　　　　　　　　　　　　　　　　　图10-3

步骤6　沿时间标尺拖动当前时间指示器以预览素材，如图10-4所示，该素材是手机拍摄的，可以看出画面的抖动。

图10-4

提示　After Effects通过将图像帧内被选择区域的像素和每个后续帧内的子像素进行匹配，来实现对运动的跟踪。用跟踪点可以定义跟踪区域，跟踪点包含特征区域、搜索区域和连接点。一个跟踪点集就是一个跟踪器。

- 特征区域：定义图层中要跟踪的元素。无论光照、背景和角度如何变化，After Effects 在整个跟踪持续期间都必须能够清晰地识别被跟踪特性。
- 搜索区域：定义After Effects为查找被跟踪特性而要搜索的区域。被跟踪特性只需要在搜索区域内与众不同，不需要在整个帧内与众不同。将搜索限制在较小的搜索区域，可以节省搜索时间并使搜索过程更为轻松，但存在的风险是所跟踪的特性可能完全不在帧之间的搜索区域内。
- 连接点：指定目标的附加位置（图层或效果控制点），以与跟踪图层中的运动特性进行同步。

确定特征区域的位置及大小是十分重要的。为了得到更平滑的跟踪效果，应尽可能选择如下区域。

- 在整部影片中均可见。
- 相对于周围区域具有反差强烈的对比色。
- 具有明显的外形轮廓（至少在搜索区域内）。
- 在整部影片中具有统一的形状和颜色。

After Effects跟踪器会在"变形稳定器VFX"面板中显示跟踪点。下面通过"变形稳定器VFX"进行智能稳定。

步骤7　按Home键将时间归零，选择"动画"→"变形稳定器VFX"菜单命令，即可自动开始对视频进行稳定，如图10-5所示。

添加关键帧	
切换定格关键帧	Ctrl+Alt+H
关键帧插值...	Ctrl+Alt+K
关键帧速度...	Ctrl+Shift+K
关键帧辅助(K)	>
向基本图形添加属性	
动画文本	>
添加文本选择器	>
移除所有的文本动画器	
添加表达式	Alt+Shift+=
单独尺寸	
跟踪摄像机	
变形稳定器 VFX	

图10-5

提示　变形稳定的计算速度取决于计算机硬件的水平及视频分辨率的高低。需要注意的是，在开始稳定计算时需要耐心等待，不要移动鼠标指针或单击其他位置，以免发生计算错误或计算缓慢的情况。

步骤8　进行稳定时，在"合成"面板中会依次显示"在后台分析"→"稳定"状态进度条，如图10-6所示。

图10-6

步骤9　稳定结束后，状态进度条会消失，这时选择"窗口"→"跟踪器"菜单命令（如图10-7所示），调出"跟踪器"面板，如图10-8所示，稳定跟踪基本完成。

动态草图	
基本图形	
媒体浏览器	
✓ 字符	Ctrl+6
对齐	
✓ 工具	Ctrl+1
平滑器	
✓ 库	
摇摆器	
效果和预设	Ctrl+5
✓ 段落	Ctrl+7
画笔	Ctrl+9
绘画	Ctrl+8
蒙版插值	
✓ 跟踪器	

图10-7

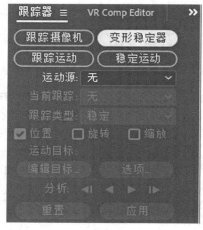

图10-8

步骤10　打开"效果控件"面板，在"变形稳定器"列中展开"稳定"属性。可以看到，"平滑度"的初始值是50%，如图10-9所示，向左拖动数值可以缩小数值，向右拖动数值可以放大数值。

提示　变形稳定的平滑度与自动缩放相挂钩，作用是调整画面的整体缩放。变形稳定的平滑度越大，放大比率就越大，反之则越小。但这样做的缺点是，周围的画面可能会因为缩放而受到影响。这需要根据不同画面的情况进行适当调整，每个画面的平滑度与缩放都是不同的。

步骤11　在"效果控件"面板的"变形稳定器"列中展开"高级"属性组，可以看到"显示跟踪点"属性，如图10-10所示。

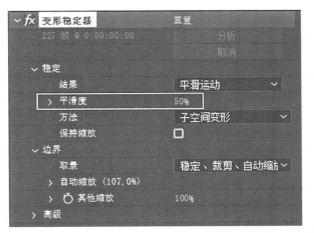

图10-9

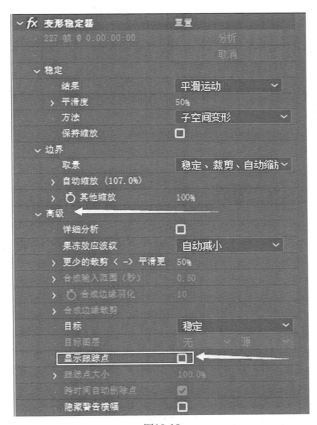

图10-10

提示　稳定离不开跟踪，如果对于画面稳定跟踪处理的要求比较高，可以通过跟踪点来进行调整。

步骤12　以原有素材"运动稳定"为例，选中"显示跟踪点"复选框后，在"合成"面板中会出现许多彩色的点，这些点就是跟踪点，如图10-11所示。

图10-11

提示　　　此时就可以对跟踪点进行处理了。如果不希望计算机跟踪某些点，可以框选不想跟踪的那些点，按Delete键删除，"合成"面板会显示"稳定"状态进度条，重新计算稳定的步骤，然后等待进度条消失即可。但是拖动"时间轴"面板的进度条，会发现合成中的彩色跟踪点还是存在，因此，每隔一段时间就要删除这些跟踪点，直到视频结束。

10.2　单点运动跟踪

　　在After Effects中，对于包含多个图层的合成进行运动跟踪，默认的跟踪类型是"变换"。这种运动跟踪类型会跟踪图层的"位置"和（或）"旋转"属性，将其应用到其他图层。跟踪"位置"时，该位置会创建一个跟踪点，并生成"位置"关键帧；跟踪"旋转"时，该位置会创建两个跟踪点，并生成"旋转"关键帧。

　　步骤1　将该项目重命名为"单点跟踪.aep"，在"项目"面板中双击空白区域，打开"导入文件"对话框，导航到"第10章"文件夹中的"单点跟踪"子文件夹，选择该文件夹中的"单点.mp4"视频素材，将其导入到"项目"面板，如图10-12所示。

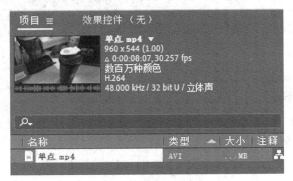

图10-12

步骤2 在"项目"面板中选择"单点.mp4"文件，将其拖动到该面板底部的"新建合成"按钮 上，After Effects会自动创建一个名为"单点"的合成，并在"合成"面板和"时间轴"面板中将其打开，预览素材，如图10-13所示。

图10-13

提示 下面进行跟踪点处理。

步骤3 按Home键，将时间归零。

步骤4 选择"窗口"→"跟踪器"菜单命令，打开"跟踪器"面板，如图10-14所示。

提示 在执行下面的操作之前，需要选择"时间轴"面板中的"单点.mp4"图层。

步骤5 在"跟踪器"面板中单击"跟踪摄像机"按钮，使After Effects对"单点.mp4"图层中的运动进行跟踪处理，出现"在后台分析"和"解析摄像机"状态进度条。

步骤6 进度条消失表示跟踪完成，屏幕中出现许多跟踪点，选中图10-15所示白圈处，然后右击，在弹出的菜单中选择"创建空白和摄像机"命令，在"时间轴"面板中出现空白图层和摄像机图层，如图10-16所示。

图10-14

图10-15

图10-16

步骤7　使用"横排文字工具"$\boxed{T}$输入文字"AE跟踪动画"，如图10-17所示，参数设置如图10-18所示。

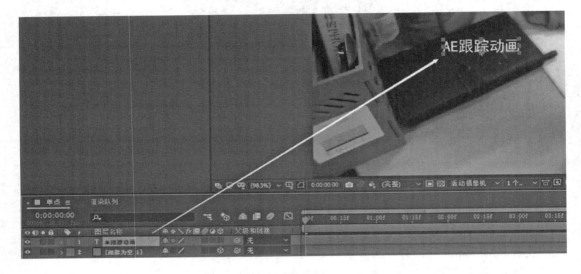

图10-17

步骤8　使用"向后平移（锚点）工具"$\boxed{\cdots}$更改锚点至文字的中心，如图10-19所示，切换回"选取工具"$\boxed{\blacktriangleright}$。

图10-18

图10-19

提示　　下面定义跟踪点，并对其进行分析与应用。

步骤9　选中"单点.mp4"图层，在"跟踪器"面板中单击"跟踪运动"按钮，如图10-20所示。

图10-20

步骤10　跳转到"图层 单点.mp4"面板，在画面正中看到"跟踪点1"，如图10-21所示。框选"跟踪点1"并将其移至要确定的位置，当鼠标指针变为黑色时，将"跟踪点1"移动到一开始创建空白图层和摄像机图层的跟踪点位置，效果如图10-22所示。

图10-21

图10-22

步骤11　在"跟踪器"面板中单击"向前分析"按钮▶进行分析，分析完成后单击"应用"按钮，如图10-23所示。

图10-23

步骤12　切换回"合成单点"面板，在"时间轴"面板中选中"单点.mp4"图层，按U键可以看到之前跟踪分析的关键帧，如图10-24所示。

步骤13　微调文字的位置，选中"跟踪为空 1"图层，按S键打开"缩放"属性，放大跟踪实底图层，跟踪实底图层需要比文字图层大，使用"向后平移（锚点）工具" [图标]

调整锚点，切换回"选取工具" 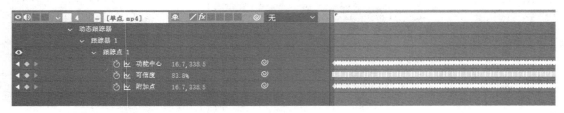，拖动调整跟踪实底图层，使锚点与一开始创建空白图层和摄像机图层的跟踪点重合，效果如图10-25所示。

图10-24

图10-25

步骤14　为文字图层打开3D图层开关 ⬡，然后选中该文字图层，选择"效果"→"透视"→"径向阴影"菜单命令，如图10-26所示。

图10-26

步骤15　选中"AE跟踪动画"文字图层，按R键或P键调整文字的"旋转"与"位置"属性，效果如图10-27所示，按Ctrl+S组合键保存项目。

图10-27

10.3 多点运动跟踪

After Effects还提供另外两种更高级的跟踪类型——平行角定位和透视角定位，它们使用多点运动跟踪。

使用平行角定位进行跟踪处理时，会同时跟踪源素材中的3个点，After Effects计算出第4个点的位置，使4个点之间的连线保持平行。当跟踪点的移动被应用到目标图层时，"边角定位"特效会扭曲图层，以模拟斜切、缩放和旋转效果，但不模拟透视效果。跟踪过程中平行线保持平行，相对距离保持不变。

使用透视角定位进行跟踪处理时，会同时跟踪源素材中的4个点。当"边角定位"特效被应用到目标图层时，它根据4个跟踪点的移动扭曲图层，并模拟透视效果的变化。

步骤1　将该项目重命名为"多点跟踪.aep"，双击"项目"面板中的空白区域，打开"导入文件"对话框，导航到"第10章"文件夹中的"多点跟踪"子文件夹，按住Ctrl键单击该文件夹中的"笔记本.mp4"和"树.mp4"素材文件，单击"导入"按钮。

提示　下面根据源素材的屏幕长宽比和持续时间创建合成。

步骤2　在"项目"面板中选择"笔记本.mp4"素材文件，将其拖动到面板底部的"新建合成"按钮![按钮]上创建合成并将其打开，如图10-28所示。

图10-28

步骤3　按数字小键盘上的0键预览素材，这个素材是经过处理过的，可以直接进行跟踪处理。

步骤4　按Home键将时间归零，选择"窗口"→"跟踪器"菜单命令，如图10-29所示，打开"跟踪器"面板，设置"运动源"为"笔记本.mp4"，如图10-30所示。

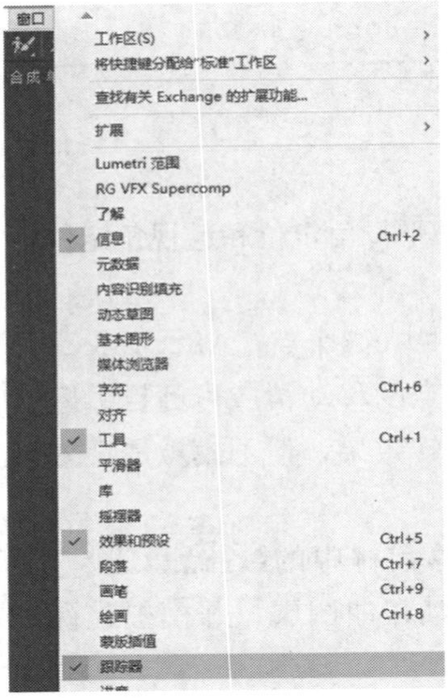

图10-29

图10-30

　　步骤5　在"跟踪器"面板中单击"跟踪运动"按钮，设置"跟踪类型"为"透视边角定位"，按Home键将时间归零，将跟踪点移动到屏幕处，如图10-31所示。

图10-31

　　步骤6　在"跟踪器"面板中单击"向前分析"按钮▶进行分析，将"树.mp4"文件从"项目"面板中拖动到"时间轴"面板中，如图10-32所示。

图10-32

步骤7 进入"图层 笔记本.mp4"面板，在"跟踪器"面板中单击"编辑目标"按钮，在弹出的"运动目标"对话框中选择"树.mp4"图层，如图10-33所示，单击"确定"按钮。

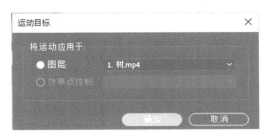

图10-33

提示　下面应用多点运动跟踪。

步骤8 此时已经激活"跟踪器"面板的功能，单击"跟踪器"面板中的"应用"按钮，并将"树.mp4"图层放在"时间轴"面板图层堆栈的最顶部，这时"树.mp4"已经被叠加到"笔记本.mp4"中了，如图10-34所示。

图10-34

步骤9 以内存预览方式预览最终结果。预览结束后，按Space键停止播放。

提示　如果对处理结果不满意，可以回到"跟踪器"面板，单击"重置"按钮再试一次。通过练习，熟悉选择合适特征区域的方法。

步骤10 按Home键将时间归零，关闭"笔记本.mp4"和"树.mp4"图层的属性，保存项目。

10.4 创建粒子系统并制作粒子动画

在后期制作中，粒子系统的应用比较广泛，这是后期制作软件功能强大的标志之一。但由于粒子系统的参数设置较多，操作相对复杂，往往被归为高级应用范畴。此外，粒子系统的致命弱点是渲染速度慢，应用简单粒子系统时的渲染输出速度还可以接受，稍微复杂一些的操作可能连显示刷新的时间都需要等待。好在目前计算机的配置越来越高，应用粒子系统的机会也越来越多，可以用它来模拟雨、雪、云、雾、星空等，并可以自定义粒子的形态。

步骤1 将该项目重命名为"粒子系统.aep"，单击"项目"面板底部的"新建合成"按钮 ，在"合成设置"对话框中将合成命名为"骇客帝国特效"，其他参数设置如图10-35所示，单击"确定"按钮。

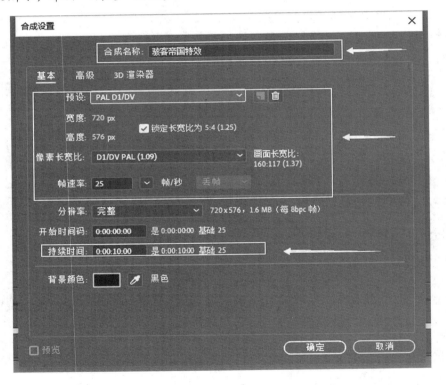

图10-35

提示　　下面添加粒子运动场。

步骤2 创建纯色图层，打开"纯色设置"对话框，设置"名称"为"骇客文字层"，单击"制作合成大小"按钮，如图10-36所示，再单击"确定"按钮。

步骤3 选择"效果"→"模拟"→"粒子运动场"菜单命令，为"骇客文字层"图层添加粒子运动场，如图10-37所示，默认只有一个粒子。

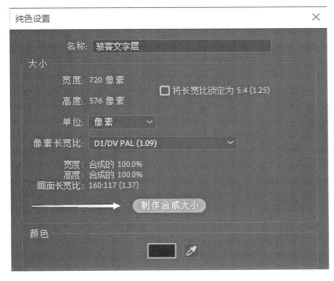

图10-36

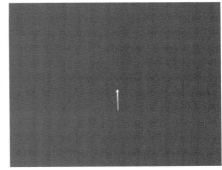

图10-37

步骤4 在"效果控件"面板中，设置"粒子半径"为"0.00"，如图10-38所示；设置"重力"属性中的"力"为"0.00"，如图10-39所示，这样栅格发射的字符就不会因为受重力影响自由下落了。

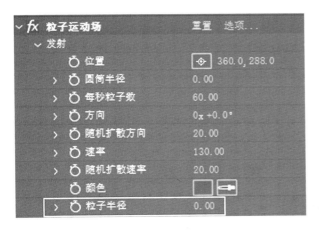

图10-38

图10-39

步骤5 在"网格"属性中设置栅格的"宽度"和"高度"与画面的尺寸一致，使粒子充满整个画面；设置"粒子交叉"和"粒子下降"为20，这样栅格就成为20行、20列；设置"颜色"为绿色，如图10-40所示，此时"合成"面板显示的粒子效果如图10-41所示。

步骤6　在"效果控件"面板中单击上方的"选项"按钮，在弹出的"粒子运动场"对话框中单击"编辑网格文字"按钮，打开"编辑网格文字"对话框，在文本框中输入任意字符（例如"a"），单击"使用网格"单选按钮，选中"循环文字"复选框，设置字体为"Arial"，如图10-42所示，单击"确定"按钮。

图10-40

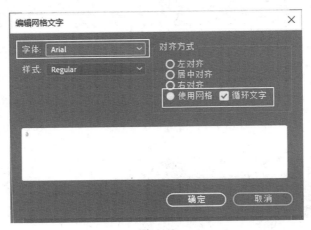

图10-41

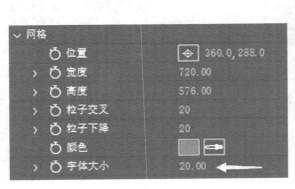

图10-42

步骤7　在"粒子运动场"特效中的"网格"属性中设置"字体大小"为"20.00"，如图10-43所示，此时"合成"面板显示的粒子效果如图10-44所示。

图10-43

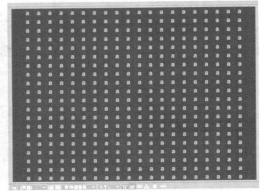

图10-44

提示 设置栅格后，通常会在每一帧产生新的字符，与之前产生的字符混合在一起，即使粒子很少，也会在很短时间内消耗大量的计算机内存，导致后面的工作难以继续。因此，需要设置栅格以产生1帧的字符，不仅消耗1帧的时间，而且这也是整个合成项目的时间长度。

步骤8 将当前时间指示器沿时间标尺移动到"0:00:00:00"，单击"字体大小"左侧的"时间变化秒表"图标 ，设置动画关键帧。

步骤9 将当前时间指示器沿时间标尺移动到"0:00:00:01"（即第1帧处），设置"字体大小"为"0.00"，After Effects自动在此处添加1个关键帧，如图10-45所示。

图10-45

步骤10 将当前时间指示器沿时间标尺移动到"0:00:00:01"，设置预览为"完全分辨率"和"最好质量"，预览结果，如图10-46所示。

提示 在下面的操作中会使用到此帧图像，因此，需要将第1帧图像渲染输出为PSD格式。

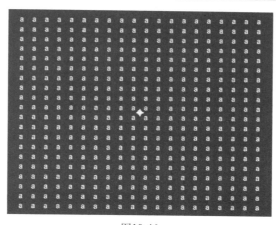

图10-46

步骤11 确认当前时间在时间标尺的"0:00:00:01"处，选择"合成"→"帧另存为"→"Photoshop图层"菜单命令，在弹出的对话框中命名文件为"栅格参考.psd"，其他参数使用默认设置，单击"确定"按钮。

提示 下面创建噪波合成文件。

步骤12 在"项目"面板底部单击"新建合成"按钮 ，打开"合成设置"对话框，设置"合成名称"为"噪波"，其他参数设置如图10-47所示，单击"确定"按钮。

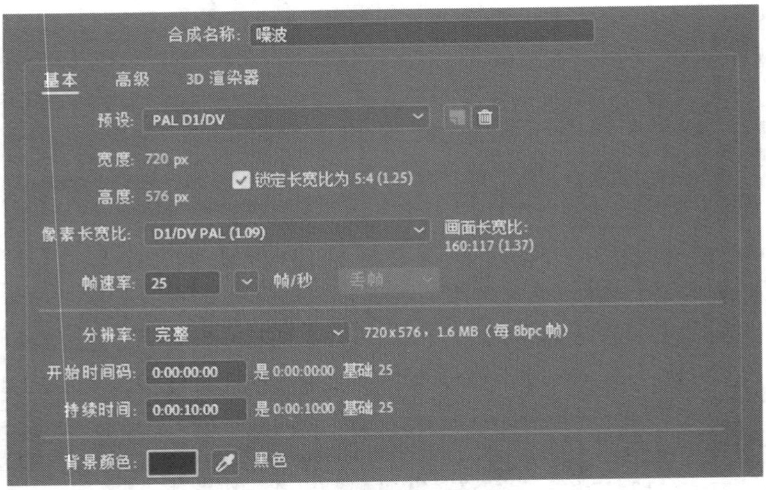

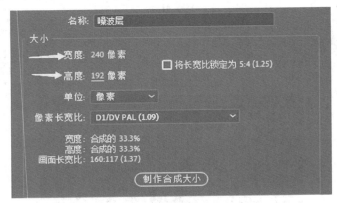

图10-47

步骤13　新建纯色图层，打开"纯色设置"对话框，设置"名称"为"噪波层"，设置"宽度"和"高度"分别为"240像素"和"192像素"，如图10-48所示，单击"确定"按钮。

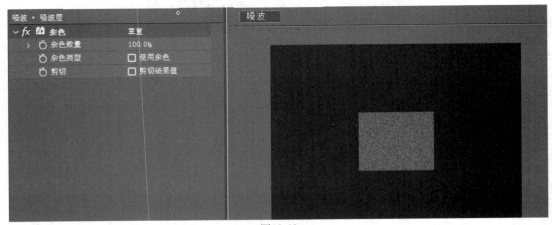

图10-48

步骤14　在"时间轴"面板中选择"噪波层"图层，选择"效果"→"杂色和颗粒"→"杂色"菜单命令，在"效果控件"面板中设置"杂色"特效参数，如图10-49所示。

图10-49

步骤15 选择"效果"→"模糊和锐化"→"快速方框模糊"菜单命令,在"效果控件"面板中设置"快速方框模糊"特效参数,如图10-50所示。

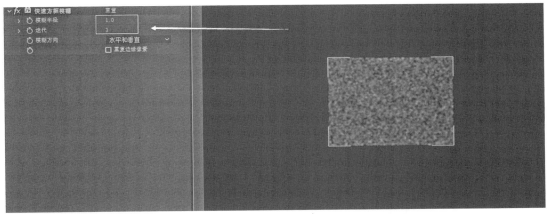

图10-50

步骤16 选择"效果"→"颜色校正"→"色阶"菜单命令,在"效果控件"面板中设置"色阶"特效参数,如图10-51所示。

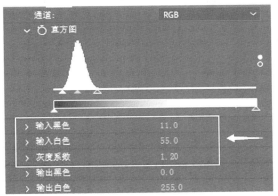

图10-51

步骤17 按S键展开"缩放"属性,设置"缩放"为"300.0, 300.0%","合成"面板的缩放显示效果如图10-52所示。

图10-52

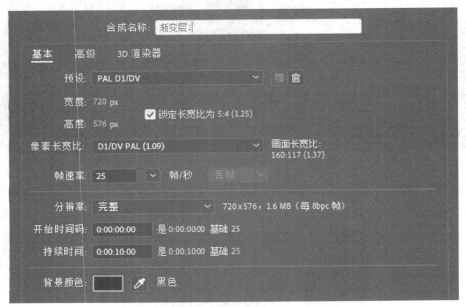

提示　　下面创建渐变图层。

步骤18　在"项目"面板底部单击"新建合成"按钮 ，打开"合成设置"对话框，设置"合成名称"为"渐变层1"，其他参数设置如图10-53所示，单击"确定"按钮。

图10-53

步骤19　新建纯色图层，将其命名为"渐变层1"，设置"宽度"和"高度"分别为"30像素"和"400像素"，如图10-54所示，单击"确定"按钮。

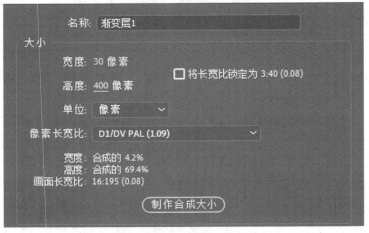

图10-54

步骤20　在"时间轴"面板中选择"渐变层1"图层，选择"效果"→"生成"→"梯度渐变"菜单命令，参数设置如图10-55所示，其中，"起始颜色"的颜色值为（RGB=0，0，0），"结束颜色"的颜色值为（RGB=127，127，127）。

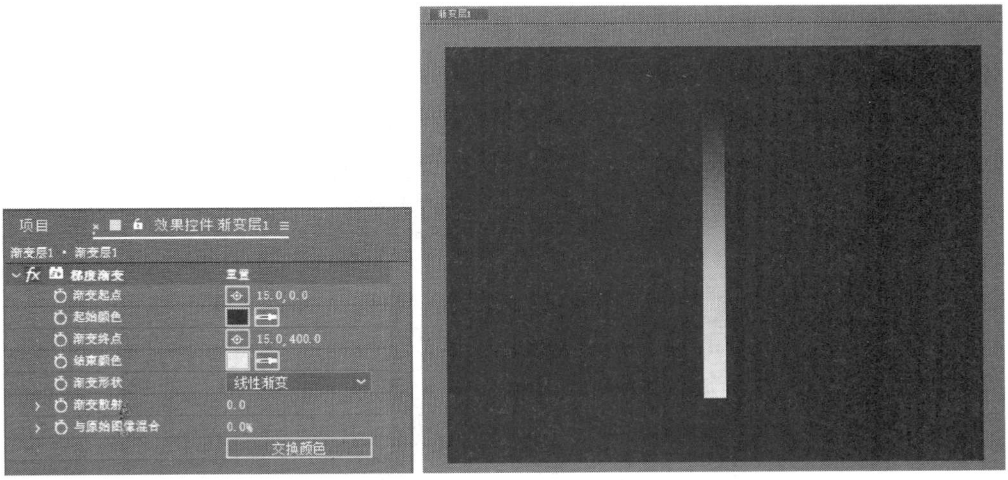

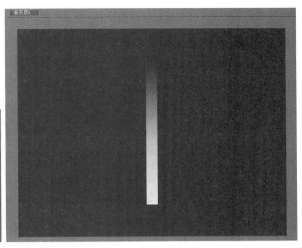

图10-55

步骤21　新建纯色图层，将其命名为"白色块"，设置"宽度"和"高度"分别为"30像素"和"30像素"，"颜色"为"白色"，如图10-56所示，单击"确定"按钮。

步骤22　将"白色块"图层移动到"渐变层1"图层的下方，效果如图10-57所示。

步骤23　使用同样的方法，创建3个带有不同长短拖尾白色块的合成，分别命名为"渐变层2""渐变层3""渐变层4"，效果如图10-58所示。

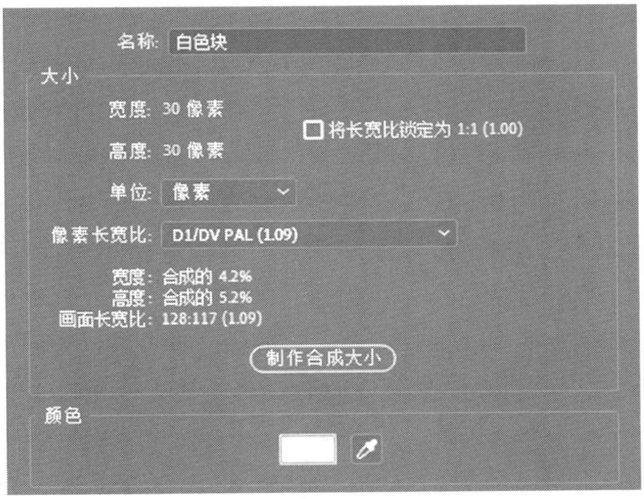

图10-56

图10-57

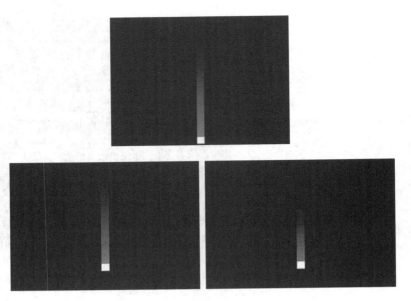

图10-58

步骤24　选择"文件"→"新建"→"新建文件夹"菜单命令，在"项目"面板中创建新文件夹，并将其命名为"渐变层"，按Enter键确认操作，然后将4个渐变层文件拖动到"渐变层"文件夹中，展开该文件夹，查看其中的文件，如图10-59所示。

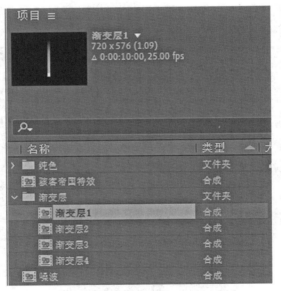

图10-59

提示　下面创建渐变层动画。

步骤25　在"项目"面板底部单击"新建合成"按钮，打开"合成设置"对话框，设置"合成名称"为"渐变运动"，其他参数设置如图10-60所示，单击"确定"按钮。

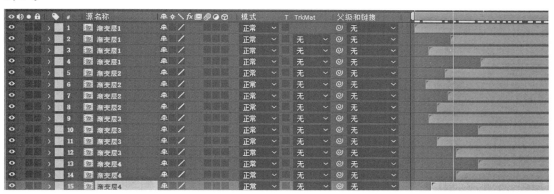

图10-60

步骤26　导入之前生成的图像文件"栅格参考.psd"，将其拖入"渐变运动"合成的"时间轴"面板中，作为参考。

步骤27　分别将"项目"面板中的4个渐变图层拖入"渐变运动"合成中，并在"合成"面板中与"栅格参考.psd"图层中的字符栅格对齐，然后分别设置向下运动的关键帧，尽量使运动交错更迭，可以根据需要复制多个渐变图层进行设置，如图10-61所示。

图10-61

提示　　　下面创建属性贴图。

步骤28　在"项目"面板底部单击"新建合成"按钮 ▣ ，打开"合成设置"对话框，设置"合成名称"为"属性贴图"，其他参数设置如图10-62所示，单击"确定"按钮。

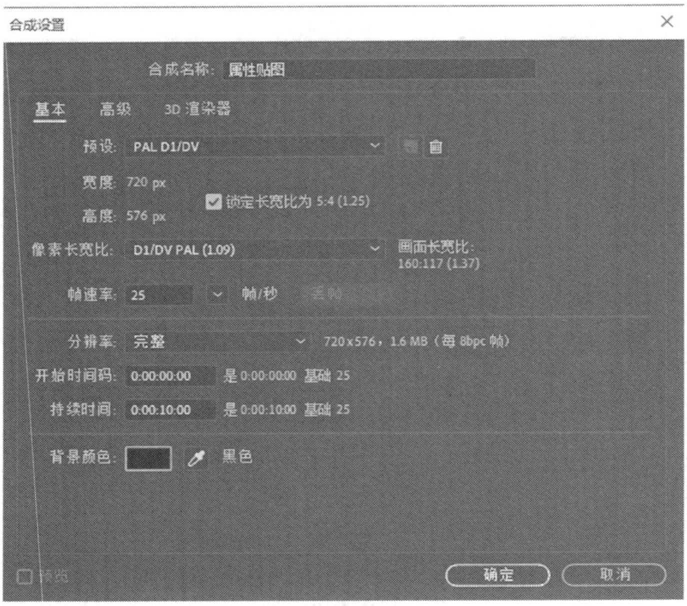

图10-62

步骤29　将"项目"面板中的"噪波"和"渐变运动"图层拖入"属性贴图"合成的"时间轴"面板中，将"渐变运动"图层

图10-63

放置在"噪波"图层的上方并隐藏这两个图层，如图10-63所示。

步骤30　新建纯色图层，将其命名为"通道混合"，参数设置如图10-64所示，单击"确定"按钮。

步骤31　选择"通道混合"图层，选择"效果"→"声道"→"设置通道"菜单命令，在"效果控件"面板中设置参数，如图10-65所示。

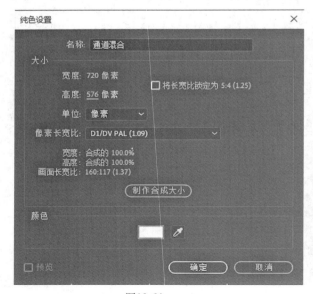

图10-64

图10-65

提示 下面创建最终动画效果。

步骤32 在"项目"面板中双击"骇客帝国特效"合成，在"合成"面板和"时间轴"面板中同时打开该合成。

步骤33 新建纯色图层，将其命名为"黑色背景"（参数设置如图10-66所示），并将其放置在"骇客帝国特效"合成的"时间轴"面板图层堆栈的下方。

步骤34 将"项目"面板中的"属性贴图"合成拖入"骇客帝国特效"合成的"时间轴"面板中，关闭其可视性，在此只是利用其灰度值来调整栅格字符，如图10-67所示。

步骤35 在"时间轴"面板中选择"骇客文字层"图层，在"效果控件"面板中展开"永久属性映射器"属性组，设置"使用图层作为映射"为"属性贴图"，"将红色映射为"为"字符"，"将绿色映射为"为"不透明度"，如图10-68所示，也就是说，粒子根据"属性贴图"合成绿色通道中的图像进行"不透明度"的改变。

图10-66

图10-67

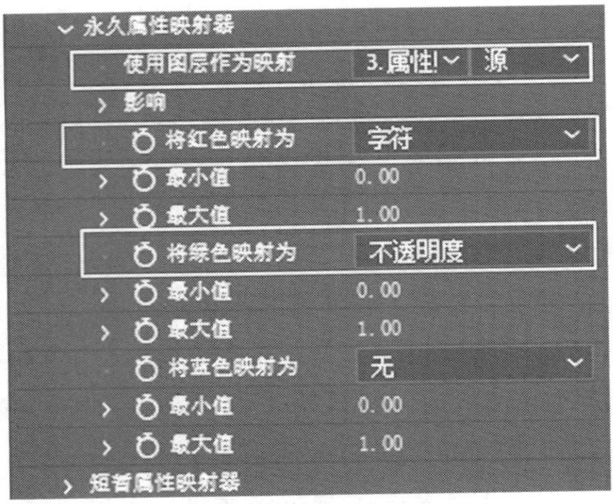

图10-68

步骤36 在"时间轴"面板中复制"骇客文字层"图层，将副本图层命名为"骇客数字层"，将其拖动到"骇客文字层"图层的下方，如图10-69所示。

图10-69

步骤37 在"骇客数字层"图层的"效果控件"面板中，展开"粒子运动场"特效，在"永久属性映射器"的"影响"属性组中，将"最大值"和"最小值"分别改为"65.00"和"40.00"，使字符在"0~9"这10个数字之间变换，具体参数设置如图10-70所示。

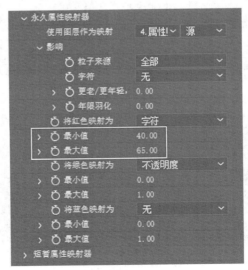

图10-70

步骤38　在"时间轴"面板中，打开"骇客数字层"图层的运动模糊开关 。

步骤39　在"项目"面板底部单击"新建合成"按钮 ，打开"合成设置"对话框，设置"合成名称"为"最终骇客字效"，其他参数设置如图10-71所示，单击"确定"按钮。

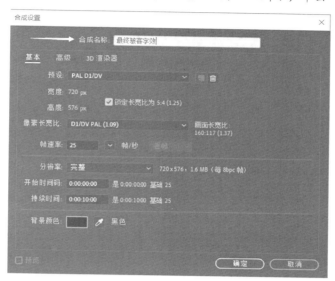

图10-71

步骤40　在"项目"面板中将"骇客帝国特效"合成拖入"最终骇客字效"合成的"时间轴"面板中，选择"效果"→"风格化"→"发光"菜单命令，在"效果控件"面板中设置参数，如图10-72所示，预览并保存项目，效果如图10-73所示。

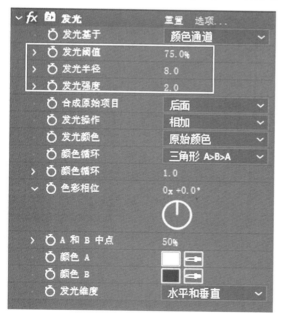

图10-72

配套文件

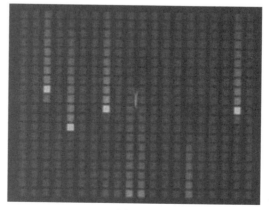

图10-73

第11章 渲染输出

渲染是从合成创建影片帧的过程。帧的渲染是基于构成该图像模型的合成中所有图层、设置和其他信息创建其二维图像的过程。影片的渲染是构成影片的每一帧的逐帧渲染。一般在谈及渲染时通常是指最终输出，但创建在"素材""图层""合成"面板中显示的预览的过程其实也属于渲染，可以将内存预览另存为影片，然后将其用作最终输出。在渲染合成以生成最终输出之后，它由一个或多个输出模块处理，这些模块将渲染的帧编码到一个或多个输出文件中。完成创建合成后，即可输出影片文件。

11.1 渲染输出

步骤1　在素材文件夹"第11章"中打开"DEMO.aep"项目文件，如图11-1所示。

图11-1

步骤2　选择"文件"→"另存为"菜单命令，将打开的项目文件另存为"渲染和输出.aep"，这样做的目的主要是防止破坏源项目文件。

步骤3　选择"窗口"→"渲染队列"菜单命令，打开"渲染队列"面板，扩大"渲染队列"面板的显示区域，如图11-2所示。

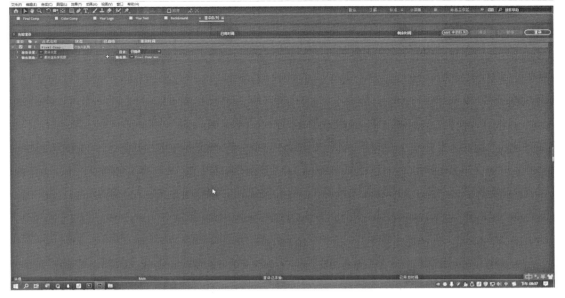

图11-2

提示

　　要生成输出，可以使用 After Effects 渲染队列渲染合成，或者使用在"渲染队列"面板中选择的渲染设置，将合成添加到 Adobe Media Encoder 队列。对于渲染队列，After Effects 使用嵌入版本的 Adobe Media Encoder，以通过"渲染队列"面板对大多数影片格式进行编码。在使用"渲染队列"面板管理渲染和输出操作时，After Effects会自动调用 Adobe Media Encoder 的嵌入版本。Adobe Media Encoder 仅以"输出设置"对话框的形式出现，可以在该对话框中指定编码和输出设置。

　　在将合成放入"渲染队列"面板后，它会变成渲染项。可以将许多渲染项添加到渲染队列中，After Effects可以成批渲染多个项目。单击"渲染队列"面板右上角的"渲染"按钮，可以按渲染项在"渲染队列"面板中列出的顺序渲染所有状态为"已加入队列"的渲染项。

　　按～键可以最大化显示"渲染队列"面板。

　　步骤4　在"项目"面板中选择要制作影片的合成，选择"合成"→"添加到渲染队列"菜单命令，将合成添加到渲染队列中。

提示

　　也可以将合成拖动到"渲染队列"面板中。

11.2 创建渲染设置模板

　　在渲染合成时，需要进行渲染和输出模块设置。本例为渲染和输出模块设置创建模板，在渲染相同格式的素材时可以使用这些模板简化配置过程。在完成模板的定义之后，在"渲染队列"面板的下拉菜单中会显示"渲染设置"或"输出模块"的下拉列表。

下面创建支持全分辨率的渲染设置模板。

步骤1　选择"编辑"→"模板"→"渲染设置"菜单命令，打开"渲染设置模板"对话框，如图11-3所示。

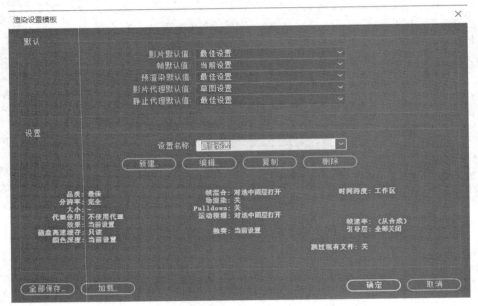

图11-3

步骤2　在"设置"区域中，单击"新建"按钮，打开"渲染设置"对话框，参数设置如图11-4所示，单击"确定"按钮。

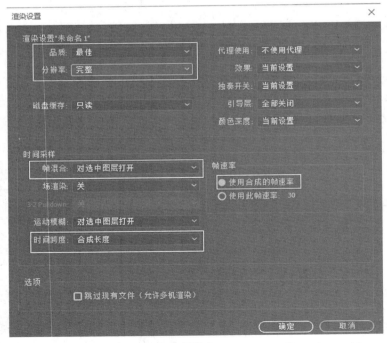

图11-4

步骤3 返回"渲染设置模板"对话框，之前在"渲染设置"对话框中的所有设置显示在"设置"区域中。如果需要修改设置，可以单击"编辑"按钮进行调整。

步骤4 在"渲染设置模板"对话框的"设置"区域中，设置"设置名称"为"全分辨率渲染"，如图11-5所示。

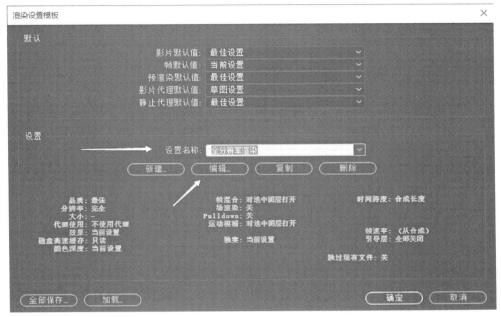

图11-5

步骤5 在该对话框的"默认"区域中，展开"影片默认值"下拉列表，选择"全分辨率渲染"选项，如图11-6所示，单击"确定"按钮。

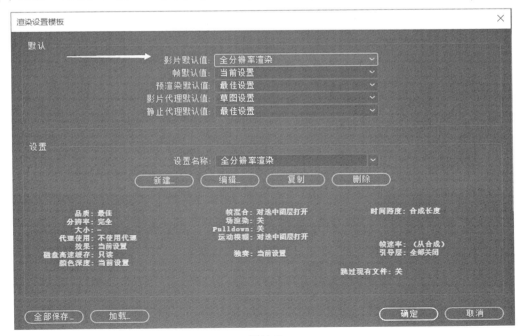

图11-6

提示　现在"全分辨率渲染"成为"渲染设置"的默认选项。当添加合成到"渲染队列"面板以制作影片时，将显示该默认选项，而不是"当前设置"。

下面创建另一个渲染设置模板，用于渲染最终影片的样片。样片比全分辨率影片小，渲染速度快。如果被处理的合成很复杂，需要花大量时间渲染，可以先对其小样进行渲染，这有助于在渲染最终影片前发现影片中需要调整的问题。

步骤6　选择"编辑"→"模板"→"渲染设置"菜单命令，打开"渲染设置模板"对话框。

步骤7　在"设置"区域中单击"新建"按钮，打开"渲染设置"对话框，参数设置如图11-7所示，单击"确定"按钮。

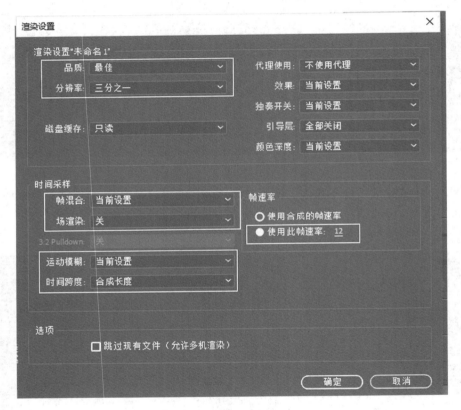

图11-7

步骤8　返回"渲染设置模板"对话框，可以看到之前在"渲染设置"对话框中的所有设置显示在"设置"区域中，在"设置名称"文本框中输入文字"低分辨率渲染"，如图11-8所示，现在"低分辨率渲染"成为"渲染队列"面板中"渲染设置"下拉列表中的可选项，如图11-9所示。

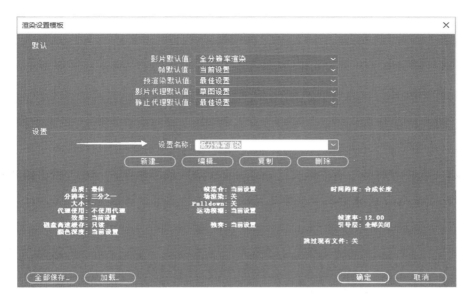

图11-8

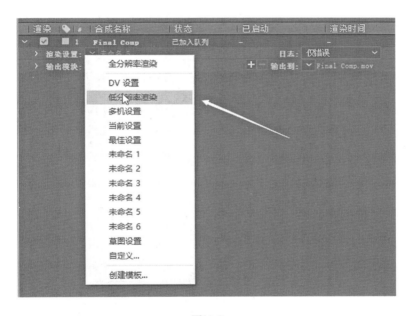

图11-9

11.3 创建输出模块模板

压缩对于缩小影片尺寸而言至关重要，经过压缩处理的影片才可以被高效地存储、传输和播放。当导出或渲染的影片需要在特定带宽要求的设备上播放时，就要选择编解码器，以便对文件进行压缩并生成一个可以在该带宽要求的设备上播放的影片文件。对影片文件进行压缩时，可调整压缩选项，使其在计算机、视频播放设备、网络上以最佳质量进行播放。可以通过删除影片中影响压缩处理的镜头来减少压缩后文件的尺寸。

提示　　下面为播出渲染创建输出模块模板，创建的第1个输出模块模板适用于最终影片的PAL播出分辨率版本。

步骤1　选择"编辑"→"模板"→"输出模块"菜单命令，打开"输出模块模板"对话框，在"设置"区域中单击"新建"按钮，打开"输出模块设置"对话框，在其中进行如图11-10所示的参数设置。

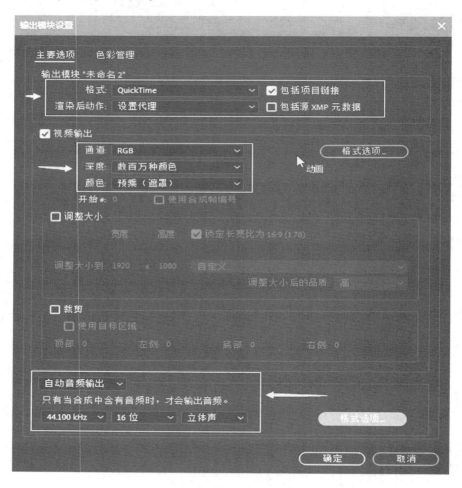

图11-10

步骤2　在"视频输出"区域中单击"格式选项"按钮，在弹出的"QuickTime选项"对话框中保持默认设置，如图11-11所示，单击"确定"按钮。

步骤3　再次单击"确定"按钮，返回"输出模块模板"对话框，检查"设置"区域的设置，如图11-12所示。

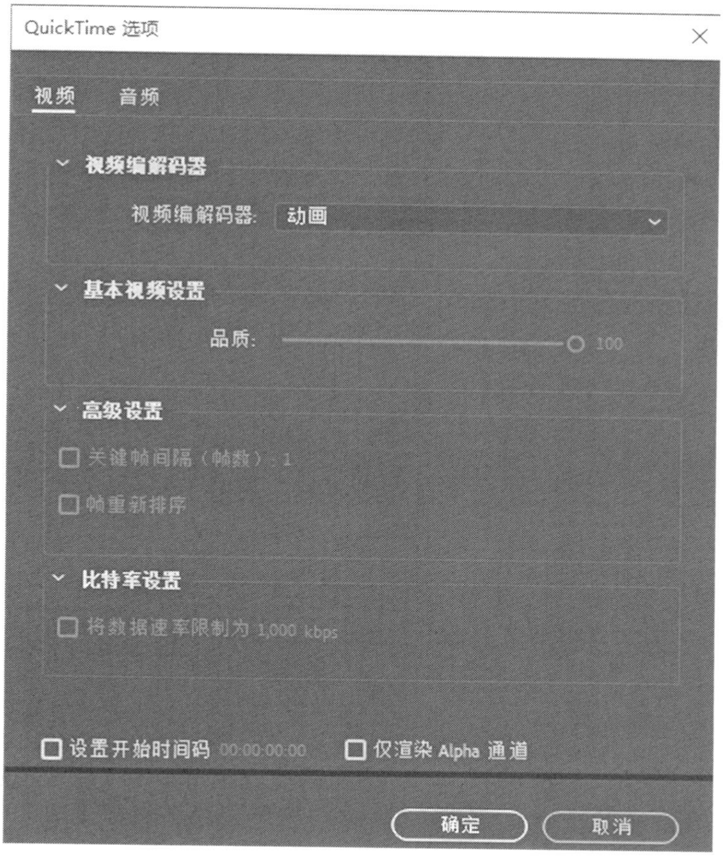

QuickTime 选项
视频
音频
视频编解码器
视频编解码器:
动画
基本视频设置
品质:
100
高级设置
关键帧间隔（帧数）: 1
帧重新排序
比特率设置
将数据速率限制为 1,000 kbps
设置开始时间码 00:00:00:00
仅渲染 Alpha 通道
确定
取消

图11-11

输出模块模板
默认
影片默认值: 无损
帧默认值: Photoshop
保存当前预览默认值: 保存当前预览
预渲染默认值: 使用 Alpha 无损耗
影片代理默认值: 使用 Alpha 无损耗
设置
设置名称: 未命名 1
新建...
编辑...
复制
删除
格式: QuickTime
输出信息: 动画
包含: 项目链接
输出音频: 44.100 kHz / 16 bit / 立体声（如果合成中含有音频）
渲染后动作: 设置代理
通道: RGB
深度: 数百万种颜色
颜色: 预乘
调整大小: -
裁剪: -
最终大小: -
配置文件: 工作空间
嵌入配置文件: 关

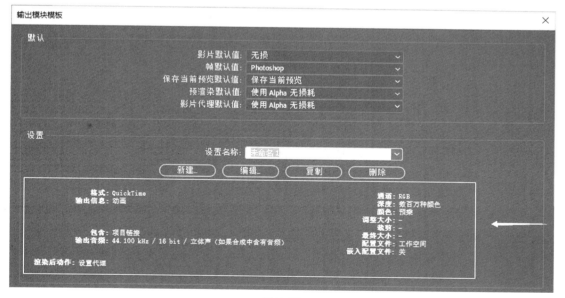

图11-12

步骤4　在“设置名称”文本框中输入文字“最终渲染音视频”；在“默认”区域中设置“影片默认值”为“最终渲染音视频”，如图11-13所示，单击“确定”按钮。

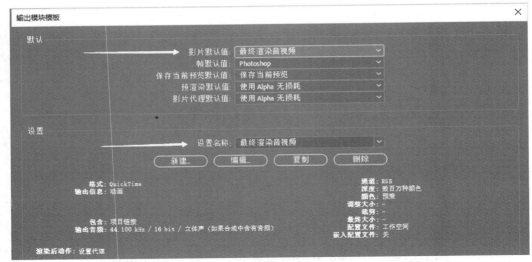

图11-13

提示　　现在"最终渲染音视频"成为"渲染队列"面板中"输出模块"的默认选项。每当将合成添加到"渲染队列"面板时，该选项就会显示出来，而不是显示"无损"选项。下面创建低分辨率输出模块模板。

步骤5　选择"编辑"→"模板"→"输出模块"菜单命令，打开"输出模块模板"对话框，在"设置"区域中单击"新建"按钮，打开"输出模块设置"对话框，在其中进行如图11-14所示的参数设置。

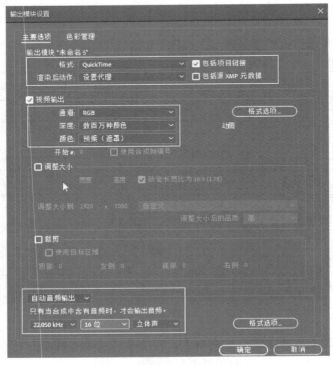

图11-14

步骤6　在"输出模块设置"对话框中单击"格式选项"按钮，在打开的"QuickTime选项"对话框中进行如图11-15所示的参数设置，单击"确定"按钮。

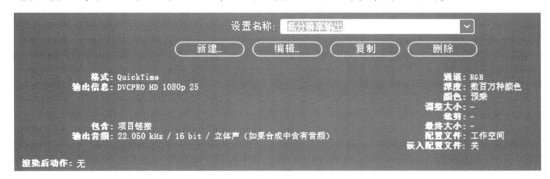

图11-15

步骤7　返回"输出模块模板"对话框，检查"设置"区域的设置，在"设置名称"文本框中输入文字"低分辨率输出"，如图11-16所示，单击"确定"按钮，现在这个输出模块模板成为"渲染队列"面板中"输出模块"下拉列表中的可选项。

设置名称：低分辨率输出

(新建…)　(编辑…)　(复制)　(删除)

格式：QuickTime
输出信息：DVCPRO HD 1080p 25

通道：RGB
深度：数百万种颜色
颜色：预乘

包含：项目链接
输出音频：22.050 kHz / 16 bit / 立体声（如果合成中含有音频）

调整大小：-
裁剪：-
最终大小：-
配置文件：工作空间
嵌入配置文件：关

渲染后动作：无

图11-16

11.4　渲染多个输出模块

提示

下面渲染影片的测试版本。

步骤1　在"项目"面板中将"Final Comp"合成拖动至"渲染队列"面板中，如图11-17所示。

图11-17

步骤2　在"渲染设置"下拉列表中选择"低分辨率渲染"选项，在"输出模块"下拉列表中选择"低分辨率输出"选项，单击"输出到"右侧的蓝色文字，将文件命名为"DEMO.mov"，如图11-18所示，然后进行另存为操作。

图11-18

提示　下面使用全分辨率渲染影片。

步骤3　在"项目"面板中将"Final Comp"合成拖动到"渲染队列"面板中，如图11-19所示。

图11-19

步骤4　单击"输出到"右侧的蓝色文字，将文件命名为"DEMO.mov"，如图11-20所示，然后进行另存为操作，保存项目。

图11-20

提示　下面使用"像素长宽比校正"功能，这使预览的像素长宽比的校正质量受"预览"类别下"缩放质量"首选项的影响。如果在方形像素监视器中显示非方形像素而不进行任何改变，则图像和运动会出现扭曲，例如，圆形扭曲为椭圆形。但是，如果在视频监视器中显示，则图像显示正常。合成的像素长宽比应与最终输出格式的像素长宽比相符。大多数情况下，只需选择一个合成设置预设，设置每个素材项的像素长宽比为原始源素材的像素长宽比。

步骤5　确认当前时间指示器位于时间标尺的"0:00:07:00"处，在"合成"面板中可以看出该时间点上包含的元素比较明显，如图11-21所示。

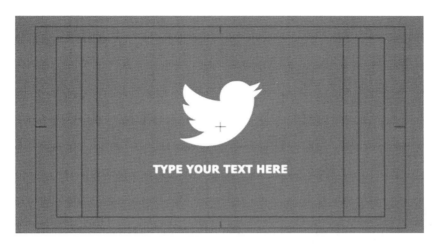

图11-21

步骤6　在"合成"面板中展开面板菜单（如图11-22所示），在其中选择"视图选项"命令。

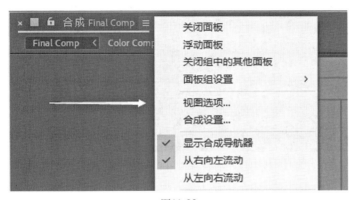

图11-22

步骤7　打开"视图选项"对话框，在"视图"区域中选中"像素长宽比校正"复选框，如图11-23所示，单击"确定"按钮。

图11-23

在"合成"面板中看到图像被挤压，看起来与项目渲染后导出到输出文件夹并在"合成"面板中查看的效果相同。在"合成"面板中查看图像时可能会看到素材有些锯齿，可以关闭"像素长宽比校正"功能以避免在查看图像时出现锯齿，在本例中此操作不影响渲染和预览结果。本例最终效果如图11-24所示。

在查看像素长宽比校正时，也可以通过"合成"面板右下角的"像素长宽比校正"按钮■打开或关闭该功能。

图11-24

配套文件